ÉTUDE DE BOTANIQUE EXOTIQUE

LA FLORE UTILE

DU

BASSIN DE LA GAMBIE

PAR LE

Dr ANDRÉ RANÇON

MÉDECIN DE PREMIÈRE CLASSE DES COLONIES
CHEVALIER DE LA LÉGION D'HONNEUR

Extrait du *Bulletin de la Société de géographie commerciale de Bordeaux.*

BORDEAUX

IMPRIMERIE G. GOUNOUILHOU

11, RUE GUIRAUDE, 11

—

1895

ÉTUDE DE BOTANIQUE EXOTIQUE

LA FLORE UTILE

DU

BASSIN DE LA GAMBIE

PAR LE

Dr ANDRÉ RANÇON

MÉDECIN DE PREMIÈRE CLASSE DES COLONIES
CHEVALIER DE LA LÉGION D'HONNEUR

Extrait du *Bulletin de la Société de géographie commerciale de Bordeaux*.

BORDEAUX

IMPRIMERIE G. GOUNOUILHOU
11, RUE GUIRAUDE, 11

1895

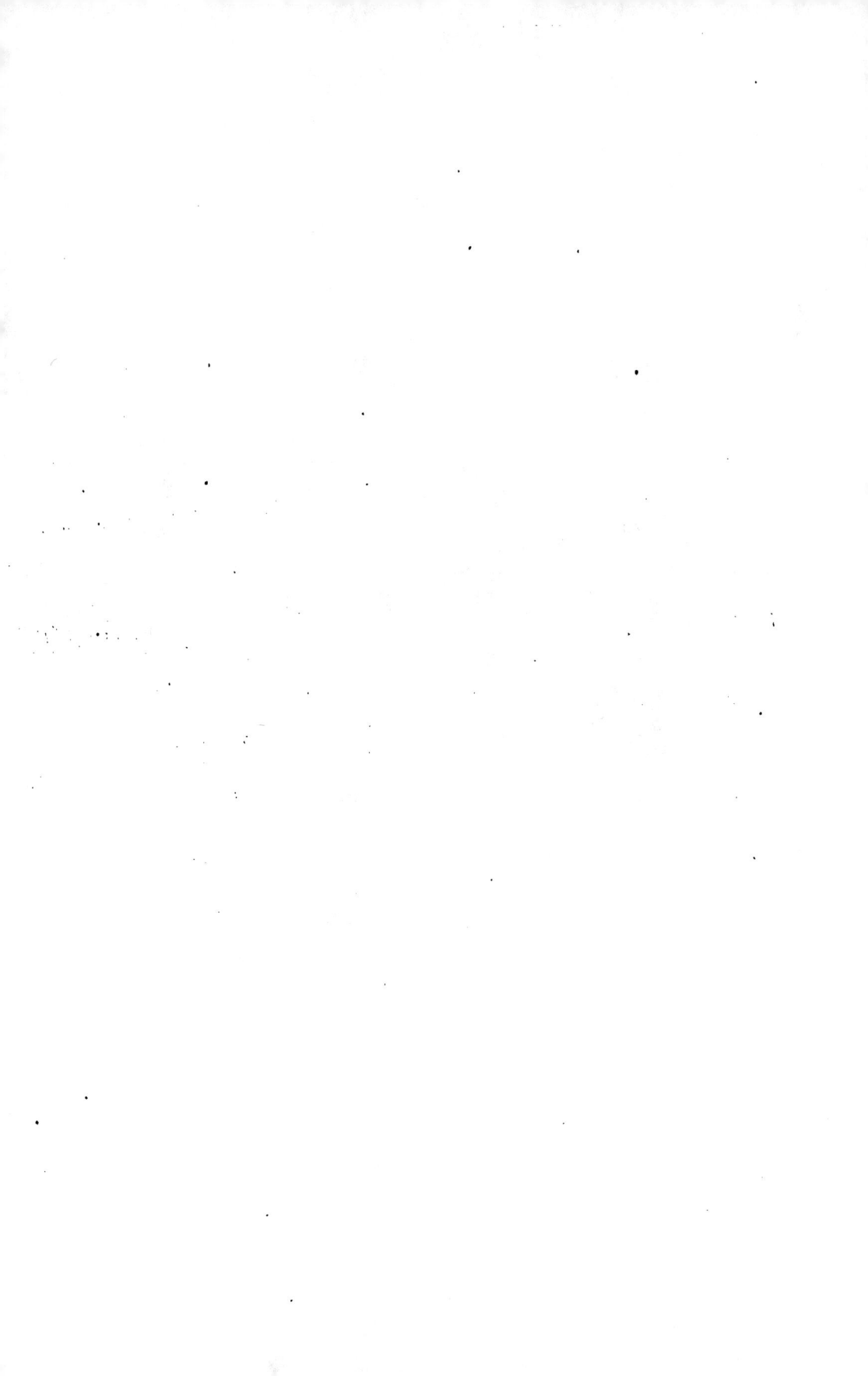

STEPPES

oFatik

Joal
Fundiougne
Saloum
SALOUM
RIP
R. Jomba
Crique Djinnak
C. St Marie
Berrouah
Dibulor
Songrogou
Sedhiou
Carabane
Ziguinehor

ZONE MARITIME

extrême
Limite
ZONE FOULADOUGO
Dondu

KALONKAD
OULI
extrême

Sansougou
Sansoula Grande Cote
Pataoulégouinde

DIAKA
TENDA
GAMON
Gamon
des
DAMANTAN
Damantan
COÑIAGUIE
Issane
Issane
Nouluniou (Ki-Say)

BONDOU
des
Kanita

BELEDOUGOU
BADON
NIOCOLO
BASSARE
GOUNIANTA

Koyes
Medine
Négocha
Makhana
Dialafaga
Mamakona
DENTILIA

SANGALA

GINÉE PORTUGAISE

oKedi

Kali

Coŷ

Mati
Tancberinge
Gamil
Touba
Médina
Sofa
Tommo

ZONE
FOUTA DJALON

Rio Grande

MONTA

GADAOUNDOU
Dandou
KOIN

LABÉ

BASSIN DE LA GAMBIE.

Gambie anglaise   Guinée portugaise

Echelle:

100   50   0 Kilom   50   100 Kil.

LA FLORE UTILE

DU BASSIN DE LA GAMBIE

Ce n'est, à notre avis, que par une connaissance approfondie des richesses minières, agricoles et forestières de son sol que l'on peut arriver à se faire une idée exacte de ce que vaut, pour la colonisation, une contrée quelle qu'elle soit. Aujourd'hui que le courage de nos explorateurs et la vaillance de nos soldats nous ont dotés d'un immense empire colonial, il importe d'indiquer à ceux de nos compatriotes qui seraient désireux de contribuer à sa mise en valeur quels sont les produits indigènes dont l'exploitation serait capable de leur donner des résultats rémunérateurs.

Dans un programme d'étude aussi vaste il n'est pas, à notre avis, de travaux, si petits et si insignifiants qu'ils paraissent, qui n'aient leur importance. Aussi avons-nous cru qu'il serait de quelque intérêt de faire une revue rapide de la *Flore utile* du bassin de la Gambie et de faire connaître les végétaux que l'on peut rencontrer dans ces régions, encore peu explorées, ainsi que le parti que l'on pourrait en retirer pour notre commerce et notre industrie.

Mais, auparavant, quelques détails géographiques et géologiques me semblent indispensables pour bien faire comprendre au lecteur toute l'importance de cette petite portion du vaste continent africain. Dans ce but, je ne crois pas mieux faire que de reproduire ici ce que j'écrivais, il y a déjà un an, dans mon mémoire *La France en Gambie*, auquel la revue *Les Nouvelles géographiques* avait bien voulu accorder l'hospitalité de ses colonnes.

La Gambie est, après le Congo, le Niger et le Sénégal, le plus grand fleuve de la côte occidentale d'Afrique. Elle prend

sa source dans le pays de Labé, à 30 ou 35 kilomètres au nord
de cette grande ville noire, dans les environs du petit village
peulh de Orédimmah. Ses sources ont été particulièrement
visitées par Hecquart, Bayol et Noirot. Ce n'est d'abord qu'un
mince ruisseau, que les indigènes désignent sous le nom de
Dimmah. Elle prend rapidement une importance considérable
par suite de l'apport des eaux d'un grand nombre de marigots
qui descendent du versant est du contrefort que le Fouta-
Djallon émet au nord, dans cette région. Les habitants lui
donnent alors le nom de *Gambia*, qui lui reste jusqu'à son
embouchure. C'est aussi le nom que lui avaient attribué les
premiers voyageurs qui l'ont explorée. Non loin des sources de
la Gambie se trouvent celles du *Rio Grande*, la *Comba* des
indigènes. Quelques kilomètres seulement les séparent l'une
de l'autre.

Sur les 100 premiers kilomètres de son cours environ, la
Gambie suit une direction générale ouest-est. Elle oblique alors
brusquement au nord, et suit cette direction jusqu'au gué de
Tomborocoto. Là, son cours s'infléchit tout à coup vers l'ouest,
et elle se dirige dans ce sens jusqu'à l'embouchure.

Le régime de ses eaux est celui de tous les grands fleuves de
la côte occidentale d'Afrique. Comme le Sénégal et le Niger,
elle présente dans le cours de la même année des différences
considérables de niveau. Dans sa partie moyenne, celui-ci
varie, en quelques mois, de 12 à 15 mètres, du moment où il
est le plus bas à celui où il est le plus élevé. Pendant l'hivernage, la Gambie est un fleuve majestueux aux eaux bour-
beuses, et dont le courant est excessivement rapide. Sa largeur
est alors quadruplée. En maintes régions, elle déborde, et,
comme le Nil, fertilise les terrains avoisinants. Mais, dès que
cessent les pluies, elle rentre rapidement dans son lit et, à la
fin de la saison sèche, elle laisse à découvert les barrages qui
obstruent son cours, et de nombreux bancs de sable qui, en
maints endroits, forment son lit. Il n'y a pas alors, à proprement parler, de biefs véritables, car il est peu de régions où la
profondeur soit uniforme.

La Gambie reçoit un grand nombre d'affluents, si nous pouvons appeler ainsi les marigots qui l'alimentent. Sur sa rive droite, nous ne trouvons, à proprement parler, qu'un seul cours d'eau qui mérite réellement le nom de rivière, parce qu'il a une source qui lui est propre : c'est la rivière *Oundou*. Vu leur importance, on pourrait également donner ce nom au *Niocolo-Koba* qui arrose le Badon et le pays de Gamon, au *Balé* qui coule dans le Tenda et au *Sandougou*, qui sépare le pays de ce nom du Niani. Mais ces cours d'eau n'ont pas d'origine première véritable. Ils ne sont uniquement formés que par les nombreux marigots qui leur apportent les eaux de pluies et d'infiltration des contrées à travers lesquelles ils coulent. Quant aux marigots proprement dits qui se jettent dans la Gambie, sur sa rive droite, ils sont innombrables, et il serait fastidieux d'en donner ici une énumération complète. Sur sa rive gauche, elle ne reçoit qu'une seule rivière également, c'est le *Koulontou*, que les Anglais désignent sous le nom de *Rivière Grey*. Elle descend du versant ouest du contrefort du Fouta-Djallon, dont nous avons parlé plus haut. C'est une jolie petite rivière qui, dans la dernière partie de son cours, sépare le Kantora du pays de Damantan. Beaucoup de marigots sont aussi tributaires de la Gambie de ce côté.

On ne saurait, en réalité, donner aux marigots le nom d'affluents. Le régime de leurs eaux diffère, en effet, absolument de celui des cours d'eaux que l'on a l'habitude de désigner ainsi. Pendant l'hivernage, ils reçoivent le trop-plein des eaux du fleuve. Leur courant est alors dirigé du fleuve vers l'intérieur des terres. Pendant la saison sèche, en revanche, ils se déversent dans le fleuve ou rivière au bassin duquel ils appartiennent. Leur courant est alors dirigé en sens contraire du précédent. Une petite levée de terre ou de sable, suivant les régions, se forme peu à peu à leur embouchure. C'est un véritable barrage qui ne tarde pas à devenir assez élevé pour arrêter complètement l'écoulement des eaux. Il se forme ainsi dans tout leur cours, de distance en distance, de véritables réservoirs où les eaux croupissent et finissent par disparaître

complètement, par évaporation, sous l'action de la chaleur
solaire, et quand les terrains environnants, complètement
desséchés, ne peuvent plus les alimenter.

Dans la dernière partie de son cours, les marigots que reçoit
la Gambie ne sont plus, à proprement parler, des marigots.
Ce sont de véritables *diverticula* du fleuve que les Anglais
désignent sous le nom de *Creek*.

Depuis sa source jusqu'à son embouchure, les pays qu'arrose
la Gambie sont, sur la rive droite : le pays de *Labé*, le *Koïn*, le
Gadaoundou, le *Sangala*, le *Gounianta*, le *Dentilia*, le
Badon, le *Gamon*, le *Tenda*, l'*Ouli*, le *Sandougou*, le *Niani*,
le *Badibou* et le *Bar*. Sur sa rive gauche, nous trouvons :
le *Labé*, le *Yambéring*, le *Tamgué*, le *Sabé*, le *Niocolo*, le
Coniaguié, le *Bassaré*, le *Damantan*, le *Kantora*, le *Fouladougou*, le *Guimara*, le *Diara*, le *Kian* et le *Combo*. La
population de ces différents pays peut s'élever à un total
d'environ 400,000 habitants, dont 60,000 à peine résident sur
le territoire anglais. Partout, sauf dans le Gamon, le Badon, le
Damantan et le Kantora, les rives du fleuve sont éminemment
fertiles et peuvent être cultivées avec profit.

D'après l'énumération qui précède, il est facile de se rendre
un compte exact de l'immense superficie du bassin de ce grand
fleuve africain. Qu'il nous suffise de dire que ses limites
extrêmes sont : au nord, le 13°50'; au sud, le 11°30' de latitude nord; à l'est, le 13°55'; à l'ouest, le 19°12' de longitude
ouest.

A l'époque des basses eaux, le fleuve est navigable pour les
grands vapeurs jusqu'à l'île de Mac-Carthy. De ce point, les
navires de faible tirant d'eau peuvent remonter en toutes
saisons jusqu'au barrage de *Kokonko-Taloto*; au-dessus, on ne
peut guère, du moins pendant la saison sèche, y faire circuler
que des chalands en bois et à fond plat et des pirogues indigènes. L'entrée de son estuaire est beaucoup moins dangereuse
que celle du Sénégal. La mer y est meilleure et surtout plus
profonde. Les navires calant 3 mètres, par exemple, peuvent, en
toutes saisons, venir mouiller devant Bathurst, et là on ne

trouve pas moins de 20 mètres de fond au pied même des appontements des maisons de commerce.

La constitution géologique du sol du bassin de la Gambie diffère peu de celle des autres parties du Soudan français. D'une façon générale, on peut dire qu'il appartient tout entier à la période secondaire (¹). Certes, en maints endroits, on pourra signaler l'existence d'épaisses couches d'alluvions, mais le squelette, l'ossature elle-même de tout le pays se rattache absolument à cet âge géologique. Du reste, les roches qui la forment ne peuvent laisser aucun doute à ce sujet. On n'y rencontre guère, en effet, que des grès, des quartz simples ou ferrugineux et des schistes de toutes variétés, ardoisiers, lamelleux et micacés. Dans les vallées, la croûte terrestre est formée d'argiles compactes résultant de la désagrégation des roches qui composent le terrain ardoisier et, sur les plateaux, c'est la latérite qui domine. Partout où l'on rencontre ce dernier terrain, le sol est d'une surprenante fertilité, et les indigènes en connaissent si bien la richesse que c'est là, de préférence, qu'ils cultivent les arachides, le mil, le maïs, etc., etc., qui forment la base de leur nourriture. Les bords du fleuve et des marigots, sont, en général, couverts d'alluvions récentes qui sont transformées en belles rizières pendant la saison des pluies. En fait, la masse d'eau souterraine se trouve, suivant les régions, à des profondeurs variables. Sur ces plateaux, il faut parfois descendre jusqu'à 30 et 40 mètres pour la trouver, et dans ces plaines il n'est pas rare de la rencontrer à 1m50 au maximum. L'eau du fleuve et de la plupart des marigots est d'excellente qualité, ne contient aucun principe nuisible et est propre à tous les usages domestiques. Celle des puits présente souvent un aspect laiteux et contient en abondance des matières

(¹) L'expression *période secondaire* dont nous nous sommes fréquemment servi dans nos différentes études sur la constitution du sol du Soudan français ne caractérise pas pour nous l'époque géologique que l'on est aujourd'hui convenu d'appeler ainsi. Nous l'employons pour désigner cette seconde partie de la période primaire dans laquelle sont classés les terrains de sédiment et dont les grès, les quartz et les schistes sont les roches fondamentales. (Note de l'auteur.)

terreuses en suspension. Il suffit de la laisser reposer et de décanter ensuite pour avoir une eau absolument claire, limpide et potable.

L'orographie du bassin de la Gambie est des plus simples. L'aspect général de cette région est plat à l'ouest et montagneux au sud-est. Sauf en ce qui concerne le contrefort nord du Fouta-Djallon, il n'y a pas, pour ainsi dire, de système orographique bien déterminé. Les marigots et le fleuve lui-même, à partir du gué de Tomborocoto, coulent généralement entre deux rangées de collines parallèles dont la hauteur ne dépasse pas 60 à 70 mètres. Les collines qui forment les lignes de partage des eaux qui le séparent des bassins de la Falémé à l'est, du Saloum et du Sénégal au nord, et de la Casamance et du Rio-Grande au sud, sont à peine marquées et, en maints endroits, ces différentes régions se confondent et empiètent l'une sur l'autre. Enfin, on y rencontre fréquemment de ces petites collines isolées qui ne se rattachent à aucune chaîne, à aucun système et qui, selon toute apparence, ont été formées par les dépôts que les eaux ont laissés en se retirant à l'époque où cette contrée a dû émerger. Leur longueur ne dépasse pas 8 à 10 kilomètres, leur hauteur 40 à 50 mètres, et leur forme rappelle celle des buttes de nos champs de tir.

Le bassin de la Gambie appartient tout entier aux climats tropicaux par excellence. Sauf, toutefois, dans les régions qui avoisinent les massifs montagneux du contrefort nord du Fouta-Djallon, il est d'une remarquable insalubrité. La température y est naturellement élevée, surtout pendant la saison chaude. Pendant l'hivernage, au contraire, le thermomètre ne monte jamais bien haut. Il ne dépasse guère 30 à 32 degrés centigrades. Mais l'atmosphère y est absolument saturée d'humidité et d'électricité. Aussi cette saison y est-elle des plus pénibles à supporter, et c'est à cette époque de l'année que les Européens y sont le plus éprouvés. L'hivernage y est précoce et les premières pluies apparaissent au commencement de mai. Elles sont toujours très abondantes et durent jusqu'au mois de novembre. Les vents du sud-ouest règnent pendant toute cette saison. Durant la période sèche, au contraire, de novembre à mai, soufflent les vents brûlants d'est et de nord-est. A cette époque, le rayonnement nocturne est tel que, pendant les mois de novembre, décembre et janvier, il n'est pas rare de voir le thermomètre descendre parfois jusqu'à 10 degrés au-dessus de zéro et même plus bas. On comprend combien de semblables variations sont pernicieuses à la santé. De plus, la constitution géologique du sol contribue puissamment à augmenter l'insalubrité. Enfin, les nombreux marais et l'imperméabilité du sous-sol qui ne permet pas aux eaux de s'écouler en font un des pays les plus malsains du globe.

A l'exception de sa partie la plus septentrionale, qui est absolument stérile, aride, inculte et inhabitée, le bassin de la Gambie peut être, au point de vue botanique, rangé tout entier dans cette zone intermédiaire qui sépare les steppes soudaniennes et sénégalaises des régions tropicales et à végétation luxuriante qui forment notre colonie des Rivières du Sud. On peut aisément, d'après ce que nous venons de dire, se faire une idée générale de ce que peut être la flore de ces vastes contrées. A peu de différence près, nous trouvons dans les terrains limitrophes de la rive droite du fleuve les essences qui caractérisent le Sénégal et le Soudan français, et, dans les pays qui avoisinent la rive gauche, les végétaux propres aux climats chauds et humides des tropiques. Là, l'exploitation des richesses botaniques ne donnera jamais que de piètres résultats. Ici, au contraire, elle peut être éminemment rémunératrice.

Afin d'apporter plus de clarté à cette exposition, nous avons cru devoir adopter une classification basée surtout sur l'emploi que font les indigènes de ces végétaux, tout en ayant soin d'indiquer à quoi ils pourraient également nous être utiles.

I. — Plantes alimentaires.

Les végétaux qui entrent dans l'alimentation des indigènes qui habitent le bassin de la Gambie sont excessivement nombreux, et beaucoup d'entre eux ne sont pas à dédaigner même

pour des palais européens. Nous citerons en première ligne
le *Mil*.

Le *Mil* (*Sorghum vulgare*, Pers) forme au Sénégal, au
Soudan, en un mot dans la plupart des régions de l'Afrique
tropicale, la base de l'alimentation des indigènes et de leurs
bestiaux. C'est une graminée de haute stature dont la tige
atteint parfois en certaines régions 3 et 4 mètres de hauteur. Il
croît, de préférence, dans les climats chauds, là où les deux
saisons sèche et pluvieuse sont parfaitement tranchées. Il
demande un sol assez fertile et riche surtout en nitrate de
potasse.

Son grain est généralement petit, rond. Il est enveloppé de
deux écailles coriaces, résistantes, difficiles à séparer et de
couleur tantôt noirâtre, tantôt rouge foncé.

On le sème au commencement de la saison des pluies, vers
la fin de mai, dans les premiers jours de juin. La récolte
se fait pendant la saison sèche, aux mois de novembre et
décembre.

Les terrains destinés à sa culture demandent peu de préparation. Les indigènes se contentent d'enlever les mauvaises
herbes et de les brûler sur place. Ils en répandent les cendres
sur les terrains destinés à être ensemencés et placent environ
huit à dix graines par trou. Ces trous, profonds de 8 à 10 centimètres au plus, sont distants les uns des autres de 30 à
40 centimètres. La graine enfouie est ensuite légèrement recouverte de terre. Dans certaines régions, comme à Damantan, au
Niocolo, etc., etc., les cultivateurs ne s'en tiennent pas à ces
procédés primitifs et forment de véritables sillons, sans doute
dans un but d'irrigation, afin de permettre à l'eau des pluies
de séjourner plus longtemps au pied de la plante.

J'ai remarqué, en effet, que ce mode de culture était surtout
employé dans les régions sèches, pauvres en marigots, et dans
lesquelles on ne peut compter que sur l'eau du ciel pour fertiliser le sol.

Le rendement donné par le mil est considérable. Il est d'environ une tonne et demie par hectare, et sa valeur vénale est

de 10 francs à peu près les 100 kilog. Dans la Haute-Gambie, tout le mil récolté est consommé sur place.

Il y existe certaines régions, comme le Sandougou et le Niani, dans lesquelles on en fait deux récoltes par an, la première dans les terrains élevés, et la seconde sur les berges du fleuve et des marigots, lorsque l'inondation a cessé et que les eaux sont rentrées dans leur lit. Le sorgho croît alors, grâce à l'humidité que le sol a conservée. Mais, en tous cas, cette seconde récolte est bien moins fructueuse que la première.

En général, le mil n'a qu'une panicule; mais il n'est pas rare de voir des tiges en porter trois ou quatre. Cela se produit surtout dans les années très pluvieuses. Mais alors ces pousses secondaires sont petites et produisent peu.

Les feuilles sont longues et assez larges. Vertes, elles forment un aliment précieux pour les animaux, et sèches, elles sont surtout recherchées par les chèvres et les moutons. Les bœufs, animaux délicats, n'en mangent que fort peu dans le second cas. Il en est de même pour les chevaux.

Le diamètre d'une tige de mil, pris à partie moyenne, varie entre 2 et 3 centimètres et demi.

On distingue deux sortes de sorghos ou mils : le *gros* et le *petit*. Elles se subdivisent à leur tour en un nombre infini de variétés portant chacune un nom indigène particulier et qui se distinguent les unes à la forme et les autres à la couleur de leurs grains.

Les variétés de gros mil les plus communes dans la Haute-Gambie sont : le *gadiaba*, le *guessékélé*, le *baciba*, le *hamariboubou*, le *madio*.

Le *gadiaba* demande des terrains argileux comme, du reste, toutes les variétés de gros mil. Sa tige est très élevée. Les axes de ses panicules sont très longs et très nombreux. Ils portent à leur extrémité libre une graine de la grosseur d'un pois dont l'enveloppe est noirâtre.

Le *guessékélé* est cultivé un peu partout. Il ressemble beaucoup comme port au gadiaba ; mais il en diffère par ses panicules dont les axes sont peu fournis et beaucoup plus longs. Sa graine dépourvue de son enveloppe, moins noire que celle du précédent, est d'un beau blanc nacré. C'est le *mil nacré*, très recherché pour les animaux. Il est tendre et se broie facilement.

Le *baciba* a le même aspect que les précédents, mais ses feuilles sont plus courtes et plus larges. Ses panicules sont relativement courtes et leurs axes moins longs que ceux des variétés dont nous venons de parler. La couleur de ses grains est rouge, ainsi, du reste, que les détritus que donne la préparation de sa farine. Il est surtout employé par les indigènes pour la fabrication de leur couscouss. Son grain très dur est difficilement broyé par les animaux. Aussi doit-on éviter de l'employer pour leur alimentation à l'exclusion des autres, car il peut parfois déterminer de graves occlusions intestinales. Il importe de ne pas le confondre avec le *mil rouge de Sierra-Leone,* qui est une autre variété tout aussi mauvaise pour les chevaux.

Le *hamariboubou* diffère des précédents par sa panicule dont les axes sont excessivement courts, ce qui la fait ressembler à un véritable pain de sucre. La taille de la plante ne dépasse jamais 1m50 à 2 mètres, et ses grains sont enveloppés par une pellicule de couleur roussâtre caractéristique. Le rendement de ce mil est considérable. C'est la plus productive de toutes les variétés.

Le *madio* est la seule espèce de gros mil dont la panicule porte des axes si rapprochés et si courts qu'on pourrait la confondre avec un véritable épi. Il ressemble comme forme au millet que nous donnons en France aux oiseaux. Arrivé à maturité, les panicules ont une couleur brunâtre caractéristique. Leur longueur est d'environ 30 à 35 centimètres. Il n'en vient généralement qu'une seule à l'extrémité de la tige dont la hauteur ne dépasse pas deux mètres. Les feuilles sont longues et très étroites en forme de fer de lance. Une des enveloppes de la graine se termine, à son extrémité libre, par un filament de plusieurs centimètres (5 ou 6) de longueur qui tombe à maturité. La graine, dépourvue de ses enveloppes, qui sont moitié blanches et noires, a une belle couleur d'un blanc mat. On le récolte un des premiers.

Les variétés de petit mil les plus communes dans la Haute-Gambie sont : le *souna*, le *sanio*, le *n'guéné*.

Le *souna* est, de toutes les variétés de mil, celle qui arrive le plus rapidement à maturité. Semé en juillet, on peut le récolter en septembre et en octobre. Sa tige est de petite taille. Ses feuilles, très étroites et très longues, sont peu nombreuses, huit ou dix au maximum par pied. Sa panicule est relativement longue, 30 à 35 centimètres environ, et ses axes sont si courts que son diamètre à la partie moyenne ne dépasse pas 1 centimètre et demi. Contrairement au madio, l'enveloppe de sa graine ne se termine pas en filament. La graine, très petite, égale en grosseur la moitié de celle du gros mil. Elle est d'un blanc mat et est très difficile à décortiquer. Sa farine donne à la cuisson un couscouss fort apprécié.

Le *sanio* ressemble beaucoup à ce dernier. Par exemple, il ne mûrit que longtemps après lui, vers le milieu de novembre. Quand il est mûr, ses panicules diffèrent de celles du souna par leur couleur vert glauque qui permet de ne pas les confondre. L'enveloppe de ses graines est aussi légèrement verte. Il est de petite taille, et ses feuilles, au lieu de retomber comme celles des autres mils, sont presque droites, fortement engainantes à la base et presque appliquées contre la tige.

Le *n'guéné* pourrait presque être considéré comme une variété intermédiaire entre le gros mil et le petit mil. Il a l'aspect du sanio, mais ses graines sont plus volumineuses, sans égaler toutefois la grosseur de celles du gros mil. Il arrive à maturité complète de fin octobre à fin novembre. Quand il est mûr, ses graines se détachent facilement. Aussi le cueille-t-on avant qu'il soit arrivé à maturité complète et le fait-on sécher en tas de forme cubique dressés sur des piquets qui soutiennent des nattes et qui sont fixés sur une aire bien battue et enduite au préalable de bouse de vache délayée dans une petite quantité d'eau.

Mentionnons encore une variété intermédiaire entre le gros

et le petit mil. C'est le *tiokandé*. Cette variété est très sucrée et peu cultivée. Elle est peu appréciée pour le couscouss. Mais je crois qu'il serait bon d'en favoriser le développement et la propagation : car elle pourrait être utilisée avec profit pour la fabrication d'un alcool qui a été reconnu être de bonne nature. C'est avec de la farine de tiokandé que, dans les pays mandingues, on confectionne, le dernier jour de l'année, pour la fête des captifs *(Dionsali)*, les friandises, boulettes et galettes que l'on distribue ce jour-là aux enfants.

Il existe enfin une dernière variété de mil assez commune dans le Niani, le nord du Ouli et du Sandougou, le Tenda et le pays de Gamon. C'est le *bakat* ou *mil des oiseaux*, qui croit à l'état sauvage et ressemble au millet de France. Les indigènes n'en font guère usage que lorsque le mil cultivé vient à manquer.

Toutes ces variétés de mil servent à la nourriture des indigènes. Sauf le mil rouge, toutes pourraient être également employées dans l'alimentation des animaux. Mais nous croyons préférable de n'avoir recours qu'au gros mil. Il se broie, en effet, aisément et se digère bien. Il n'en est pas de même du petit mil. Ses grains sont parfois trop petits pour être saisis sous les arcades dentaires ; ils glissent, sans être broyés, dans le pharynx et l'animal les avale, en majeure partie, entiers. De ce fait, ils se digèrent mal, et la bête se nourrit peu. Nous avons vu des animaux chez lesquels l'usage exclusif du petit mil déterminait parfois des diarrhées qui disparaissaient dès qu'on en supprimait l'emploi. Pour se bien nourrir, un cheval doit, en temps ordinaire, consommer de 4 à 5 kilog. de mil par jour.

La paille des panicules constitue également un excellent aliment dont les chevaux, bœufs, chèvres, moutons, sont particulièrement friands. Mais elle est loin d'égaler en principes nutritifs la paille d'arachides.

Les indigènes consomment les grains de mil sous quatre formes différentes : en entier, crus ou bouillis, concassés (c'est le *sankalé*) ou bien transformés en farine.

Rarement ils les mangent crus. Ils n'en font guère usage

sous cette forme que lorsqu'il est vert et pendant les longues routes quand ils sont pressés par la faim. De même, il est peu fréquent qu'ils les mangent simplement bouillis avec leur écorce. Ils préfèrent surtout le sankalé et la farine.

Pour préparer le *sankalé*, les grains de mil sont placés dans un mortier spécial que tout le monde connaît. On y ajoute un peu d'eau simplement pour les mouiller légèrement. Puis, à l'aide d'un pilon manié de haut en bas, on les écrase et on les réduit en fragments de la grosseur d'une tête d'épingle environ. Cette opération terminée, le sankalé est vanné à l'air libre pour le débarrasser des parcelles de son écorce qui lui donneraient un goût astringent peu agréable. Il est ensuite mis à sécher au soleil pendant quelques heures et cuit ensuite, soit à la vapeur d'eau, soit à l'étuvée. On le mange alors avec de la viande ou du poisson et une sauce relevée dans laquelle entre souvent une décoction mucilagineuse de feuilles de baobab destinée à en masquer l'astringence. Le sankalé se conserve peu de temps ; il prend rapidement, au bout de trois jours à peu près, une odeur rance qui le rend impropre à la consommation.

La farine demande une préparation plus longue et plus délicate. Elle se prépare de la même façon que le sankalé, et l'appareil dont on se sert, un mortier et un pilon, est le même. Mais l'opération doit être continuée jusqu'à ce que les grains soient réduits en poudre absolument impalpable. Quand ce résultat a été obtenu, le produit est versé soit dans une calebasse, soit dans des corbeilles finement tressées. On leur imprime une sorte de mouvement circulaire qui a pour but de faire venir à la surface les résidus et les fragments mal pulvérisés. On les enlève à la main ; ces déchets sont donnés au bétail et à la volaille et souvent consommés par les indigènes eux-mêmes en temps de disette. La farine obtenue ainsi est de couleur café au lait clair, douce au toucher, hygrométrique, avec tendance à se pelotonner. Elle dégage rapidement une forte odeur d'huile rance. Cuite à l'étuvée ou à la vapeur, elle est mangée sous forme de bouillie, de galettes ou de boulettes avec de la viande ou du poisson et une sauce très relevée.

Séchée au soleil, elle constitue un couscouss précieux pendant les longues marches.

Le mil est relativement assez riche en matières azotées. Malgré cela, il ne constitue pas un aliment très nourrissant; aussi les indigènes en consomment-ils de grandes quantités pour arriver à satisfaire leur faim.

Les Malinkés et les Bambaras confectionnent avec le mil une sorte de boisson fermentée, légèrement alcoolique, qu'ils nomment *dolo,* et pour laquelle ils ont un penchant tout particulier. Cette bière a un petit goût aigrelet qui est loin d'être désagréable, et l'Européen appelé à vivre dans ces régions s'y habitue rapidement. Prise en petite quantité, elle est rafraîchissante, mais elle finit par occasionner des gastrites et des dyspepsies quand on en fait un usage prolongé. Ces affections disparaissent dès que l'on cesse d'en boire. Mélangé avec du miel, le dolo forme un hydromel très apprécié des Bambaras du Bélédougou.

Les cendres données par les tiges de mil sont remarquablement blanches et fines. Elles renferment une notable quantité de nitrate de potasse.

Des feuilles et des tiges de certaines variétés, le baciba et le guessékélé par exemple, les forgerons retirent, je ne sais trop par quel procédé, une belle couleur rouge vineux qui leur sert à teindre les pailles avec lesquelles ils tressent leurs corbeilles, leurs chapeaux et les paillassons destinés à couvrir les calebasses. Avec la farine, on fait d'excellents barbottages pour les chevaux. Quand nous aurons dit enfin que les tiges servent dans la construction des cases et des palissades qui les entourent, on comprendra aisément que le mil, vu ses usages multiples, soit regardé, à juste titre, par les indigènes comme la plante la plus précieuse.

On retire du mil une proportion relativement forte d'alcool de bonne nature, sans aucun goût désagréable. C'est cette branche de notre industrie qui pourrait l'utiliser avec le plus de profit. Mais il faudrait pour cela que nos usines puissent en avoir toujours à leur disposition en quantité suffisante. Or, la

production, même dans les pays d'origine, n'arrive que difficilement à satisfaire la consommation. De plus, le prix d'achat
sur place trop élevé, le transport et les droits de douane viennent augmenter le prix de revient dans de telles proportions
qu'on ne peut songer, du moins en France, à en faire une
exploitation suivie. Ajoutons enfin que le bas prix des alcools
ne saurait permettre à nos fabricants de lutter contre la con-
currence étrangère et de réaliser des bénéfices appréciables.

Voici, d'après E. Raoul, les résultats que donne l'analyse
des grains du *Sorghum vulgare*. Pour 100 parties, on trouve :
matières azotées, 9,18 ; amidon, 74,53 ; matières grasses, 1,93 ;
matières minérales, 1,69 ; eau, 12,70.

Le *Maïs* (*Zea maïs*, L.) est cultivé dans le bassin de la
Gambie, comme dans les autres parties du Soudan français. Il
en existe deux variétés : le *maïs jaune à grains moyens* et le
maïs blanc. Elles sont toutes les deux aussi estimées, mais les
champs de maïs sont loin d'avoir l'étendue et l'importance des
champs de mil. Le mil est l'aliment indispensable ; c'est la
manne quotidienne. Le maïs est, au contraire, un aliment de
luxe, bien moins estimé que le mil et le riz. Il n'en est pas
moins précieux, car de toutes les céréales c'est celle qui arrive
la première à maturité et qui, vers la fin de la saison des pluies,
permet au noir imprévoyant d'attendre la récolte du mil.

Le maïs demande une terre bien plus riche que le mil. C'est
pourquoi on ne le trouve qu'en quantité relativement peu considérable, et on peut dire que la production de cette céréale est
à celle du mil comme 1 est à 50. Les indigènes le sèment, de
préférence, dans l'intérieur même des villages et aux alentours,
surtout dans les ruines, et partout où le terreau est assez
abondant.

Les indigènes utilisent les jeunes tiges de maïs pour la nourriture des animaux : bœufs, chevaux, moutons, chèvres. C'est
un des meilleurs fourrages du Soudan ; mais il serait mauvais,
je crois, d'en faire la nourriture exclusive des bestiaux, car il
peut parfois, surtout quand on en fait un usage trop copieux,
déterminer des coliques funestes.

Le grain est également employé pour les animaux et dans l'alimentation des indigènes. A peine mûr, et lorsqu'il vient d'être cueilli, il constitue un excellent aliment d'une très facile digestion. Mais, lorsqu'il a été récolté depuis plusieurs semaines déjà, il durcit très rapidement et devient excessivement coriace. Aussi les animaux, les chevaux et les mulets particulièrement, le broient-ils très difficilement et, par ce fait même, le digèrent-ils mal. Le mieux, pour remédier à cet inconvénient, est de le concasser avant de le leur donner. Ainsi préparé, il constitue un aliment précieux et rapidement assimilable.

Les indigènes consomment le maïs sous plusieurs formes. Quand il est à peine mûr, ils en font griller légèrement au feu les épis et en mangent les grains tels quels, en les détachant simplement avec les dents. C'est, dans les villages, un véritable régal pour les petits enfants, et, dans les longs voyages, un élément précieux de ravitaillement par ce fait même que la préparation en est facile et rapide. Secs, les grains sont concassés dans le mortier à couscouss à l'aide du pilon, et mangés bouillis avec de la viande ou du poisson et assaisonnés d'une sauce très relevée. Réduits en farine, ils sont consommés sous forme de bouillie cuite à la vapeur. Les propriétés rafraichissantes de la farine de maïs la font rechercher pour l'alimentation des malades. Mélangée avec du lait, elle constitue la nourriture des convalescents et des jeunes enfants.

Cette farine ne se conserve que peu de jours. Elle fermente rapidement et doit être immédiatement consommée. Il en est de même du maïs en grains, quand il est enfermé dans les greniers avant d'être parfaitement sec.

Les Bambaras et les Malinkés fabriquent, avec le maïs, une sorte de bière (dolo), qui est loin d'avoir les qualités de celle du mil. Son goût est un peu fade et sa digestion plus difficile. Aussi ne sert-on du maïs, pour cet usage, que lorsque le mil vient à manquer.

Le rendement du maïs est un peu supérieur à celui du mil. Il est à peu près de deux tonnes à l'hectare, quand la culture en est faite dans de bonnes conditions et quand la saison lui a été favorable. Sa valeur est environ de 10 francs les 100 kilog. Nous pourrions répéter ici, à propos du maïs, ce que nous venons de dire plus haut au sujet de l'emploi des sorghos pour la fabrication des alcools. C'est pour les mêmes motifs que l'on est forcé de renoncer à utiliser nos maïs de la côte occidentale d'Afrique pour ce genre d'industrie.

Le *Riz* (*Oryza sativa*, L.) est, dans tout le bassin de la Gambie, l'objet de grandes cultures et de soins attentifs. Les rives du fleuve, les bords des marigots et les marécages que laissent les eaux en se retirant, sont aux environs des villages transformés en rizières de bon rapport. La production, déjà très considérable, pourrait être augmentée dans de notables proportions si les habitants voulaient utiliser tous les terrains propres à cette culture. Mais, pour le riz, ils procèdent absolument comme pour les autres céréales, et ne sèment que ce qui leur est strictement nécessaire pour leur consommation. C'est toujours la même imprévoyance. Que, pour une cause quelconque, la récolte vienne à manquer, c'est la famine !

Le riz ne demande que peu de soins. Le terrain et le climat sont si favorables à sa culture que le rendement qu'il donne est toujours considérable. Pour préparer le sol destiné aux semailles, on se contente simplement de le débroussailler. On choisit, de préférence, un terrain humide sur les bords du fleuve, des marais et même dans le lit des marigots. A l'aide d'un bâton, on sème le riz en faisant un trou dans lequel on place trois ou quatre graines. Ces trous sont situés à environ 15 centimètres l'un de l'autre. Dans certaines régions, on le sème simplement à la volée et on recouvre les grains en piochant peu profondément le sol. Tout ce travail est peu pénible. Aussi est-il généralement exécuté par les femmes et les enfants. Les semis se font au commencement des pluies, quand il est déjà tombé une certaine quantité d'eau, vers la fin de juillet. L'inondation, qui survient en août, fertilise la rizière et permet aux graines de se bien développer. La récolte se fait en octobre et en novembre. Un mois avant d'y procéder, on a bien soin d'enlever toutes les mauvaises herbes, afin de lui permettre de bien mûrir.

La cueillette est faite brin par brin, et, de ce fait, demande un temps assez long et une grande patience. On sait que cette qualité ne manque pas aux noirs. Coupés à dix centimètres au-dessus du sol, les épis, dont le chaume a une longueur d'environ vingt-cinq centimètres, sont réunis en paquets assez volumineux, liés fortement et mis à sécher sur le toit des cases. Ils sont rentrés tous les soirs, afin de ne pas les exposer à la rosée de la nuit, qui les altérerait sûrement et les ferait pourrir. Quand ils sont bien secs, ils sont battus, et le grain destiné à la consommation est enfermé dans des récipients en terre sèche placés dans les cases elles-mêmes.

Pour procéder à la décortication, les grains sont pilés dans un mortier à l'aide d'un pilon en bois dur. Ils sont ensuite vannés et débarrassés ainsi de leurs enveloppes.

Les épis destinés aux semailles sont conservés avec leur chaume, réunis et liés en paquets comme précédemment, et suspendus aux bambous qui forment la charpente du toit de la case.

Le riz du Soudan, que l'on désigne généralement sur les marchés sous le nom de *riz malinké,* pour ne pas le confondre avec le riz Caroline et le riz de Cochinchine, que nous importons, est d'un blanc légèrement grisâtre. Il présente de petites stries brunes, qui sont évidemment dues à ce qu'il est mal décortiqué. Il est plus dur que les autres riz et son goût est moins fade. Quand il a été bouilli, ses grains sont poisseux et s'agglutinent aisément. Cela est probablement dû au mucilage abondant qu'ils contiennent. On le mange bouilli ou cuit à l'étuvée et mélangé avec de la viande ou du poisson. Les indigènes lui préfèrent le couscouss de mil, car ils prétendent que le riz ne les nourrit pas autant.

La valeur commerciale du riz en Gambie est environ de 0 fr. 15 le kilogramme, et le rendement moyen à peu près de 4,550 kilog. à l'hectare. La production en est relativement si faible qu'il est, à notre avis, absolument inutile que notre commerce et notre industrie songent à tirer autrement que sur place un parti quelconque de cette céréale.

La paille de riz forme un excellent fourrage dont tous les

bestiaux sont excessivement friands. Les indigènes s'en servent pour fabriquer des chapeaux, des couvercles de calebasses et de petites corbeilles qui sont loin de manquer d'originalité.

Sur les marchés, on se sert pour mesurer le mil, le riz, les haricots, le sel, etc., etc., d'une mesure toute spéciale que l'on désigne sous le nom de *moule*. Sa contenance varie suivant les pays. Ainsi, le moule bambara vaut 2 kilog. environ ; le moule malinké, en Gambie, 1 kilog. 800, et le moule toucouleur, dans le Bondou, 1 kilog. 500.

Le Fonio. — On a souvent regardé le fonio comme une variété de sorgho. Il n'en est rien. Cette confusion provient de ce que, dans certaines régions, le Fouta sénégalais par exemple, les indigènes, quand on leur demande les noms des différentes variétés de mil, désignent l'une d'elles sous ce nom. Mais il ne faut pas s'y tromper. Ce mot s'applique à deux plantes absolument différentes, une variété de petit mil toucouleur et une autre céréale qui n'a avec elle rien de commun.

Le fonio, proprement dit, n'est autre chose que le *Penicellaria spicata,* Wild, que les Ouolofs appellent encore *dekkélé*. C'est une graminée dont les proportions sont bien plus petites que celles du sorgho. Sa tige a environ trente-cinq centimètres de hauteur, cinquante au plus, à feuilles très étroites, relativement longues, et dont la forme rappelle celle d'un fer de lance très effilé. Ses graines sont très petites, de forme légèrement oblongue, très nombreuses et groupées sur une inflorescence cylindrique en forme d'épi très allongé. Elles sont plus nourrissantes que celles du sorgho et servent à préparer un aliment très apprécié des indigènes. Voici, du reste, à titre de renseignement, d'après E. Raoul, l'analyse des graines de fonio. Pour cent parties, on a : matières azotées, 10,84 ; amidon, 72,18 ; matières grasses, 3,01 ; matières minérales, 1,99 ; eau, 11,98.

La culture du fonio, très facile, ne demande pas une préparation méticuleuse du terrain. Après avoir enlevé et brûlé les herbes des champs que l'on veut ensemencer de fonio, les semis sont faits à la volée. Un léger grattage du sol à l'aide d'une pioche *ad hoc* suffit pour recouvrir les semences. Ce travail peu pénible est fait surtout par les femmes et les enfants. On sème cette céréale au début de la saison des pluies, après les premières tornades, vers le commencement de juillet, et la récolte se fait vers la fin de novembre.

Les grains de fonio sont petits et de couleur légèrement brune. Mais quand ils ont été décortiqués à l'aide du mortier et du pilon à couscouss et débarrassés de leurs enveloppes, ils présentent un aspect légèrement jaunâtre qui rappelle beaucoup celui de la semoule, avec laquelle le fonio a, du reste, de grands points de ressemblance.

Les indigènes préparent avec le fonio un couscouss qui jouit partout d'une grande faveur. On le fait bouillir ou cuire à la vapeur d'eau et on le mange avec de la viande ou du poisson et une sauce très relevée. Il est considéré, par les noirs, comme la plante la plus nourrissante. Il contient, en effet, une proportion relativement considérable de matières azotées, 10 84 0/0 environ. Très facile à préparer, il est, de ce fait, excessivement précieux pour l'alimentation dans les expéditions. C'est le viatique indispensable de tous les Dioulas et l'aliment que l'on emporte, de préférence, pour les longs voyages et les longues chasses dans la brousse. Il est, au préalable, bien décortiqué, bien pilé et bien séché au soleil. Le voyageur en emplit sa peau de bouc et, à l'étape, le fait cuire généralement dans une vieille boîte de conserves qu'il porte habituellement attachée à la ceinture.

Le fonio est peu utilisé pour la nourriture des animaux, des chevaux particulièrement. D'abord, il n'y en a jamais assez pour cela, et, ensuite, il est assez difficilement digéré, ses grains étant généralement mal broyés. On lui préfère de beaucoup le mil pour cet usage.

La paille, très fine, constitue un excellent fourrage dont les bestiaux sont très friands. Très hygrométrique, les Dioulas s'en servent, après l'avoir légèrement mouillée, pour emballer leurs kolas. Bien empaquetée dans des paniers *ad hoc*, elle conserve son humidité pendant plusieurs jours. De ce fait, les kolas ne se dessèchent pas et, pour les maintenir toujours frais, il suffit d'asperger les ballots tous les quatre jours à peu près.

Le rendement du fonio est bien plus considérable que celui du mil ou du riz. De toutes les céréales cultivées dans ces régions, c'est celle qui produit le plus. Il donne environ 5,000 kilogrammes à l'hectare. Sa valeur commerciale est à peu près de 20 francs les 100 kilog. On en trouve, du reste, fort peu sur les marchés. La récolte est consommée presque entièrement sur place.

Le Diabéré. — Le diabéré est une sorte d'aroïdée très commune dans le Tenda, le Diaka, le Ouli, le Sandougou et le Niani. Les Bambaras et les Sarracolés la nomment *diabéré*, les Malinkés *diabéro* et les Peulhs *oussoudié*. Elle croît, de préférence, dans les endroits humides et à l'abri des rayons du soleil. Elle aime une terre riche en humus. C'est pourquoi les lougans de diabérés sont toujours situés à l'ombre des grands arbres où la terre est plus fraîche et plus fertile du fait même du terreau que forment les feuilles en y pourrissant. Nous avons été assez heureux pour être le premier à étudier cette plante. Je passe sous silence ses caractères botaniques, que le lecteur pourra trouver en détail dans mon livre : *Dans la Haute-Gambie, voyage d'exploration scientifique*. Je la dédie à mon excellent maître et ami M. le professeur Heckel, en la nommant *Arum Heckeli*.

Sa racine est un tubercule de la grosseur du poing environ, d'un brun noirâtre et ayant un peu la forme d'un oignon légèrement allongé. Sur ce tubercule, viennent, quand la plante arrive à maturité, douze ou quinze turions environ, dont les plus volumineux atteignent tout au plus la grosseur d'un œuf. C'est la partie comestible et qui sert à la reproduction. Leur forme est celle du tubercule auquel ils adhèrent fortement. Leur couleur est aussi la même. La chair de ces turions est blanche, fortement aqueuse et compacte; elle rappelle celle de la pomme de terre ou, plutôt, de la patate. Leur odeur est légèrement vireuse.

Les semis de diabéré se font en juin et en juillet. Il suffit, pour cela, de placer les turions dans un trou creusé dans la terre à une profondeur d'environ dix à quinze centimètres. La récolte se fait en décembre. Vers la fin d'octobre ou au commencement de novembre, les habitants du Sandougou ont l'habitude de couper les feuilles à une hauteur de dix centimètres du sol environ pour faire grossir davantage les turions.

Le diabéré est un légume qui n'est pas à dédaigner, même pour le palais délicat des Européens. Bouilli ou frit à la poêle, il constitue un aliment d'un goût agréable. Je me souviens en avoir mangé avec plaisir en ragoût avec du mouton. Les indigènes le préfèrent bouilli, et dans certaines régions, le Diaka, le Sandougou, le Tenda, par exemple, ils en font une grande consommation. Dans ce dernier pays, surtout, on en consomme beaucoup, et les habitants des pays voisins attribuent à l'abus qu'ils en font la maladie de peau et les nombreux goîtres dont sont atteints les Malinkés du Tenda.

Tigalo N'galo ou *Niébé-Gherté.* — Il existe dans tout le bassin de la Gambie une légumineuse qui peut être considérée comme la plante qui forme la transition entre l'arachide (*Arachis hypogæa*, L.) et le haricot (*Phaseolus vulgaris,* L.), avec lesquels elle a des caractères communs. Du reste, les indigènes lui ont donné un nom composé de ceux de ces deux plantes. Les peuplades de race mandingue la nomment : *Tigalo N'galo.* Arachide, en malinké, se dit *tigo* ou *tiga,* suivant les régions. *N'galo* est le nom d'un petit haricot très commun dans tout le Soudan. Les peuplades d'origine peulhe la nomment : *Niébé-Gherté.* En peulh, *niébé* signifie haricot, et *gherté* arachide.

Elle est très cultivée dans tout le Soudan, et ses graines constituent un aliment recherché des indigènes et apprécié des Européens eux-mêmes. Le port de cette légumineuse diffère de celui de l'arachide et rappellerait plutôt celui de nos haricots nains. On la sème au commencement de juin dans un terrain bien préparé, et souvent aussi en bordure autour des lougans de mil, maïs et arachides. Elle demande une humidité assez prononcée et donne, vers le commencement de novembre, un fruit sec, indéhiscent. Si on en brise la coque, il s'en échappe une graine ronde, d'une blancheur nacrée et de la grosseur d'une noisette, dont elle a un peu la forme. Cette graine est munie d'une enveloppe épaisse, dure, coriace, et qui se détache à la cuisson. De blanche qu'elle était, elle prend une couleur violacée très prononcée et qui colore fortement le bouillon dans lequel on la fait cuire. Cette enveloppe n'est pas comestible. On l'enlève dès qu'elle n'adhère plus aux cotylédons, qui sont volumineux et très savoureux. Les indigènes mangent les niébés-ghertés bouillis et, dans nos postes, on en fait de bonnes purées et d'excellents potages. Elle remplace avantageusement le haricot.

Haricots. — Les haricots (*Phaseolus vulgaris*, L.), que les Ouolofs désignent sous le nom de *Niébés* et que les Malinkés et les Bambaras appellent *Soo* ou *Soso*, sont l'objet d'une culture relativement importante. Cette plante alimentaire demande un terrain légèrement humide, relativement riche en humus et situé surtout à l'abri des rayons du soleil. Aussi, les semis en sont-ils généralement faits dans les lougans de mil et de maïs. On y procède, d'habitude, dans les premiers jours d'août, quand ces deux céréales ont atteint déjà une certaine hauteur. On pratique simplement, à l'aide d'un petit morceau de bois, des trous d'environ quatre à six centimètres de profondeur, dans lesquels on place une ou deux graines au plus, que l'on recouvre d'un peu de terre. La plante germe rapidement et la récolte se fait vers le commencement de décembre au plus tard. Il en est de deux espèces différentes qui, elles-mêmes, se divisent en un grand nombre de variétés. L'une a absolument l'aspect de nos haricots nains et l'autre affecte le port de nos haricots grimpants. Ses rameaux rampent sur le sol et s'étendent parfois au loin. Ces deux espèces donnent des fruits qui diffèrent surtout par la forme et la couleur. Il en est de ronds, d'ovoïdes, de discoïdes, de roses, de blancs, de jaunes, de gris et de mouchetés. Ces deux dernières variétés sont les meilleures, les plus recherchées et celles qui se conservent le mieux. Les autres sont presque toujours attaquées par les insectes. La récolte faite, les gousses sont mises à sécher, au soleil, sur le toit des cases, et les graines, bien nettoyées, sont conservées dans des paniers *ad hoc* ou dans des récipients en terre, où elles sont à l'abri de l'humidité.

Les indigènes mangent les haricots bouillis. Au Sénégal, on les mélange au couscouss et, avec différentes sortes de viandes, on en fait un plat connu sous le nom de *baci-niébé* et qui est apprécié même par les Européens. Ce légume, d'un goût très parfumé, pourrait remplacer avantageusement le fayol que l'on fait venir de France pour la ration des troupes. Sa valeur commerciale est environ de 12 francs les 100 kilog. Nous estimons qu'il serait profitable d'en favoriser la propagation et d'en augmenter la culture.

On trouve encore assez communément, dans le Niocolo surtout, d'énormes haricots auxquels les indigènes donnent le nom de *Fanto*. Ils sont donnés par une légumineuse (Phaséolée papilionacée) qui atteint des dimensions énormes. Dans les villages de culture, on la sème autour des cases, et, en peu de temps, ses rameaux ont bien vite couvert celle à laquelle ils s'attachent. Elle est, d'une façon générale, peu cultivée; on lui préfère le petit haricot nain dont nous venons de parler. Dans tout le Soudan, il en existe un grand nombre de variétés qui ne diffèrent entre elles que par la couleur de la graine. Il en est, en effet, de violettes, de mouchetées, de rouges, de noires, de bleuâtres, de blanches, etc., etc. Cette dernière est la plus commune. Cette légumineuse donne une gousse longue d'environ douze centimètres, large de trois à cinq, légèrement rosée et excessivement dure et résistante. Sa couleur, lorsqu'elle est mûre, est d'un blanc légèrement jaunâtre. Cette gousse contient huit ou dix semences excessivement volumineuses, ayant à peu près la grosseur d'une noisette, longues d'environ deux centimètres à deux centimètres et demi, larges d'un centimètre et dont les deux faces sont légèrement bombées. Leur couleur est d'un blanc nacré éclatant. Les indigènes les mangent rarement. Ce n'est guère que dans les années de disette qu'ils y ont recours, car ces graines sont excessivement dures, coriaces. Il faut les faire bouillir pendant des journées entières, afin de les ramollir, pour qu'elles puissent être mangées. Leur goût est excessivement fade et loin d'être agréable. On ne peut guère les manger que mélangées avec du mil ou du maïs, et surtout après les avoir fortement épicées et pimentées. De plus, les indigènes les accusent de donner une maladie qui ferait tomber les dents.

Dans tout le bassin de la Gambie, nous n'avons rencontré qu'une seule variété de *doliques*. C'est le *Dolichos Lablab*, L. Le port de cette légumineuse papilionacée rappelle celui du haricot. Il n'y a guère, dans toute cette région, que les Diolas, les Coniaguiés et les Bassarés qui la cultivent, et encore sur une bien petite échelle. Sa tige et ses feuilles constituent un bon fourrage pour les animaux; les bœufs, chèvres et moutons en sont particulièrement friands.

Patates douces. — La patate (*Ipomæa Batatas*, Poir.), de la famille des convolvulacées, est également très cultivée, mais surtout dans les régions humides et bien arrosées. On en fait de beaux lougans dans le Sandougou, le Niani, le Kalonka-dougou et à Mac-Carthy. Elle pousse très rapidement et ses ramifications souterraines prennent, en peu de temps, un développement si considérable, qu'il est difficile d'en débarrasser le terrain où elle s'est implantée. Les indigènes la plantent de deux façons : ou bien par bouture ou bien encore par une méthode mixte, qui consiste à faire germer en terre des tubercules sur lesquels on prend ensuite des boutures que l'on pique à environ soixante centimètres les unes des autres. En peu de temps, elles émettent en tous sens des rameaux qui rampent sur le sol, où ils s'implantent par des racines adventives multiples. Au bout de deux ou trois mois, il se forme au pied de la plante des tubercules farineux qui grossissent pendant toute la saison des pluies, et que l'on récolte au début de la saison sèche, quand les feuilles commencent à jaunir. La sécheresse est préjudiciable à la patate, aussi ne la cultive-t-on que pendant l'hivernage.

Il en existe un grand nombre de variétés qui ne diffèrent,

du reste, entre elles, que par la forme et la couleur. Il en est de longues et de rondes ou plutôt ovoïdes. Les unes sont blanches, les autres jaunâtres, d'autres enfin légèrement rosées. Ces dernières sont, d'ailleurs, d'une qualité supérieure.

Le goût de la patate rappelle un peu celui de la pomme de terre, mais il est plus sucré. De plus, sa chair est parsemée de nombreux filaments désagréables quand on la mange. Les indigènes la font bouillir ou cuire sous la cendre. Les Européens en font de bonnes fritures, d'excellents potages et de succulentes purées. Cuite dans un sirop de sucre, elle sert à confectionner un entremets dont le goût rappelle celui du marron glacé.

Les feuilles constituent un excellent fourrage pour les animaux. La patate se conserve peu de temps pendant la saison sèche. Elle est attaquée par les insectes et pourrit rapidement.

Dioscorea bulbifera, L., Dioscoréacées. — Dans la *Revue des sciences naturelles appliquées*, M. le prof. Heckel vient de publier, en collaboration avec le prof. Schlagdenhauffen, de Nancy, une étude des plus intéressantes sur le *Dioscorea bulbifera*. Cette plante alimentaire, que l'on trouve en si grande abondance au Gabon-Congo, à la Nouvelle-Calédonie et dans l'Inde, existe également au Soudan et notamment dans le bassin de la Gambie. L'étude du prof. Heckel que nous venons de relire nous l'a remise en mémoire et, vu la nouveauté de ce travail original, nous croyons devoir dire ici quelques mots de l'histoire botanique de ce végétal.

Le *Dioscorea bulbifera* est une dioscoréacée à rhizome tubéreux, allongé transversalement, arrondi et presque sphérique, de couleur noirâtre, rugueux, ridé, couvert de fibrilles radiculaires. Tige grêle, cylindrique, tordue, striée, volubile à gauche. Feuilles alternes, larges, cordiformes, étalées, entières, luisantes en dessus, nervées, un peu ondulées sur les bords et terminées par une pointe scarieuse. Inflorescence en longs épis axillaires ou terminaux. Fleurs dioïques, petites. Périgone petit, violacé. Six étamines, ovaire infère, triloculaire. Loges biovulées. Le fruit est une capsule trigone, comprimée, triloculaire, à déhiscence loculicide. Graines ailées. De l'aisselle des feuilles supérieures naissent des bourgeons qui se transforment en bulbes de formes diverses, plus ou moins volumineux, grisâtres, rugueux, bosselés et de dimensions très variables. En germant, ils donnent naissance à une ou plusieurs tiges.

Ces bulbes sont toxiques. Mais, après les avoir soumis à des lavages répétés, les indigènes de la Nouvelle-Calédonie, les Pahouins, les M'Pongués, les Mandingues du Sud, les Soussous, etc., etc., en font un usage alimentaire journalier, particulièrement en temps de disette.

Il résulte de l'analyse chimique que les prof. Heckel et Schlagdenhauffen ont faite de ces bulbes « qu'ils contiennent en réalité, à côté de substances alimentaires (*fécule, matières albuminoïdes, saccharose, etc.*), un principe amer et toxique. Mais il est facile de s'en débarrasser, comme l'indique M. de Lanessan *(Plantes utiles des colonies françaises),* par des lavages à l'eau alcaline ou, plus simplement encore, comme le pratiquent les indigènes néo-calédoniens et ceux des Rivières du Sud (Afrique tropicale), par un simple lavage à l'eau ordinaire. Bien plus, il n'est pas nécessaire de râper les bulbes avant de les soumettre à ce lavage : il suffit de les couper en tranches comme des pommes de terre. Celles-ci, préalablement trempées dans l'eau pendant deux à trois heures, perdent la substance toxique. Un mets de ce tubercule ainsi traité, et sauté au beurre ou mis en salade, remplacerait évidemment notre classique pomme de terre accommodée de la même façon. Par cette opération très facile, la totalité du principe amer disparaît. On peut donc classer les bulbes aériens de ce *dioscorea* à côté des produits similaires souterrains du *Jatropha manihot*, L., qui, doués aussi d'une certaine toxicité, peuvent être débarrassés de leur poison par un simple lavage à l'eau après avoir été râpés.

» Il résulte aussi nettement de cet examen chimique que, selon toute vraisemblance, ces tubercules, quand ils sont absorbés à l'état naturel par les bestiaux avec leur fourrage, peuvent, doivent même, suivant la quantité qui en est ingérée, et suivant le poids de l'animal, par rapport à la dose de toxique introduite dans les organes, déterminer des accidents mortels. »

Quant aux tubercules souterrains du *Dioscorea bulbifera*, il résulte de l'analyse faite par les mêmes auteurs, « qu'ils se distinguent très nettement des bulbes aériens de la même plante en ce *qu'ils ne renferment pas de matière toxique amère* et qu'ils contiennent beaucoup moins de fécule et beaucoup moins de matières albuminoïdes. A tous ces points de vue, ils sont donc moins nutritifs. Mais, pour servir à l'alimentation en cas de disette, ils n'auraient pas besoin de subir le lavage préalable nécessaire pour débarrasser les bulbes aériens de leur matière amère et toxique. »

Tacca involucrata, Schu. et Thön. — Cette plante alimentaire appartient encore à la famille des dioscoréacées et a encore été étudiée par Heckel et Schlagdenhauffen dans la *Revue des sciences naturelles appliquées.* Elle est très commune au Gabon-Congo, où les indigènes lui donnent le nom de *pemba-rogué iba.* Binger l'a trouvée dans la boucle du Niger, où elle est appelée *bouré* en langue dagomsa, et aux environs de Médine. Les Khassonkés la désignent sous le nom de *sanga-tamba.* C'est ainsi que l'appellent également les Malinkés de Koundou et les Mandingues de la Gambie, où nous en avons relevé quelques échantillons.

Le *Tacca involucrata* constitue une espèce voisine de *Tacca pinnatifida,* Forst. Pour l'examen chimique de ses tubercules, on a procédé comme pour le *Dioscorea bulbifera.* Chaque plante en porte deux, un jeune très petit et un autre de l'année précédente, plus ancien et plus ridé (comme dans les orchidées). L'un et l'autre ont été consciencieusement étudiés, et il en est ressorti ceci, à savoir que « leur valeur nutritive est sensiblement la même que celle du *Dioscorea bulbifera* et diffère considérablement de celle des autres produits alimentaires rapprochables. Cette conclusion justifie pleinement la *similitude* [1] de la dénomination imposée par les M'Pongués à ces

[1] Les M'Pongués du Gabon désignent, en effet, le *Dioscorea bulbifera*

deux tubercules abondants sur le sol gabonais; mais elle met
dans toute son évidence aussi la pauvreté de cet aliment,
auquel on ne peut évidemment recourir qu'en cas de disette
absolue. Il n'en est pas de même du bulbe aérien du *Dioscorea
bulbifera*, qui est très nutritif, et qui, partant, mérite d'être
cultivé et propagé dans toutes nos colonies françaises tropicales.
Il est certain que la culture en améliorera les produits.

» Mais on ne doit point s'étonner de voir une similitude de
composition chimique si rapprochée entre des rhizomes tubéreux appartenant à deux plantes dont les familles présentent
des affinités reconnues par tous les botanistes (dioscoracées et
taccacées). Certains auteurs ont même confondu en un tout ces
deux familles, qui ne se différencient, du reste, que par le
port, par le nombre des graines contenues dans l'ovaire à trois
loges, enfin, par la structure interne des graines. Lindley, qui
avait le sens des affinités très accusé, reconnaît sous le nom
commun de *dictyogènes* (ainsi nommées à cause de la disposition réticulée des nervures foliaires) l'ensemble des *taccacées*,
des *dioscorées* et des *smilacées*.

» Nous avons établi, par la similitude de composition chimique du rhizome, un lien de plus entre les deux premières
familles de ce groupe.

» Tout nous porte à supposer que les tubercules de *Tacca
pinnatifida* ont une composition approchée de celle de *Tacca
involucrata*. Cependant ils paraissent renfermer beaucoup
plus de fécule. »

Le *Piment* qui est le plus généralement cultivé par les indigènes appartient à cette variété que l'on désigne sous le nom
de *poivre de Cayenne* (*Capsicum frutescens*, L., solanées).
Il est rouge vif, long de 20 à 30 millimètres, large de 7 à 9 à
sa base, rétréci au voisinage du calice qui est cupuliforme.
Son odeur est très forte, caractéristique, et sa saveur d'une
âcreté insupportable. Les noirs en sont très friands et s'en
servent pour assaisonner leur couscouss, dont il relève le goût

sous le nom de *pembarogué ogolli*, et appellent le *Tacca involucrata*,
pembarogué iba. *Ogolli*, en langue m'pongué, signifie *grimpant*.

fade et écœurant. Le piment est, de plus, regardé par eux comme un véritable spécifique contre les hémorroïdes. Pour l'administrer, ou bien ils se contentent de le mélanger à doses assez fortes avec les aliments, ou bien ils le pilent quand il est sec et absorbent dans du lait 3 ou 4 grammes de la poudre ainsi obtenue. Il faut avoir le palais des noirs pour ingurgiter une semblable mixture. Mais, administrée dans du pain azyme, la poudre de piment ainsi préparée ne cause aucun désagrément. Nous avons pu en faire nous-même l'expérience, et le résultat que nous avons obtenu a été satisfaisant sous tous les rapports.

Poivre. — Ce que les indigènes désignent sous le nom de *poivre* et que les Ouolofs appellent *enoué* et les Malinkés et Bambaras *niamoco,* n'est autre chose que la graine d'une amomée, l'*Amomum melegueta,* Roscoë, qui est très commune au Fouta-Djallon et que l'on rencontre aussi en grande quantité au Niocolo et dans les montagnes du Manding. C'est une plante vivace à rhizome charnu et à feuilles engainantes dont le fruit est une capsule à trois loges polyspermes et à déhiscence loculicide. Les semences sont grosses comme des grains de poivre, anguleuses, de couleur brun rougeâtre, très odorantes, à saveur âcre et brûlante, rappelant celle du poivre. On ne le trouve qu'en très petites quantités sur les marchés, où il est apporté par les Dioulas qui viennent du Fouta-Djallon. Il est alors contenu dans les coques de ces fruits qui ressemblent à des oranges, que les Malinkés désignent sous le nom de *cantacoula,* et dont les Toucouleurs se servent pour enfermer la résine du hammout. Afin qu'elles se tiennent fraiches, ces graines sont toujours mélangées de feuilles du végétal, que les Dioulas ont soin de mouiller un peu, surtout pendant la saison sèche. Les indigènes ont un goût très prononcé pour ces graines. Ils les mangent sèches, entières, en les puisant une à une dans la coque qui les renferme. Les Toucouleurs surtout en sont particulièrement amateurs et ils en ont toujours dans la poche de leur boubou. Réduites en poudre, ils s'en servent encore pour assaisonner leur couscouss. Enfin, le niamoco entre dans la

composition d'un fard dont font usage, pour se parer, les Tou-
couleures, les Peulhes et les Mauresques.

Oseille. — Dans les jardinets qui entourent généralement les
villages, on trouve deux variétés d'oseille dont les indigènes
sont excessivement friands. Les noirs de la Gambie leur donnent le nom de *dakissé,* bien qu'elles diffèrent profondément
l'une de l'autre. L'une n'est qu'un *Rumex* (polygonées) de la
section des *Acetosella,* dont elle présente tous les caractères.
Elle est surtout cultivée dans les jardins. L'autre est, au contraire, une malvacée. C'est l'*Hibiscus sabdariffa,* L., connu
surtout sous le nom d'*oseille de Guinée.* On la rencontre particulièrement dans les lougans d'arachides, où elle est semée
en bordure. Ses feuilles, sa tige et son fruit sont utilisés comme
condiments. Ses différentes parties ont à un haut degré les
caractères propres des malvacées. Ses graines sont très appréciées et entrent dans la composition des sauces avec lesquelles
sont mangés les couscouss. Elles sont auparavant soumises à
une préparation toute spéciale. Aussitôt après la récolte, elles
sont mises, alors qu'elles ne sont pas encore sèches, à bouillir
dans l'eau pendant quelques minutes. Retirées du liquide et
bien égouttées, elles sont étendues sur des nattes fines et séchées
au soleil. Elles exhalent alors une odeur épouvantable, et telle
que 2 ou 3 kilog. suffisent pour empoisonner un village entier.
On juge ce que ce doit être quand, dans chaque famille, on se
livre à cette opération. Quand elles sont bien séchées, elles
sont enveloppées dans du calicot ou de la guinée, et ces petits
paquets sont suspendus à l'intérieur de la case, aux rayons du
toit qui la recouvre. Elles peuvent, ainsi préparées, se conserver indéfiniment. Quand on veut s'en servir, on en pile, dans le
mortier à couscouss, la quantité dont on a besoin, et on la
réduit en poudre absolument impalpable. Cette poudre sert,
comme nous l'avons dit plus haut, à assaisonner certaines
sauces. Il faut avoir soin de n'en fabriquer que la quantité
dont on a absolument besoin, car elle perd rapidement son
arome et devient insipide. Le goût qu'elle donne aux aliments
est loin d'être succulent, mais, somme toute, il est parfaite-

ment supportable. Je doute cependant qu'il ait quelque succès dans la cuisine européenne.

Tomates. — Il existe dans tout le bassin de la Gambie une solanée que les indigènes désignent sous le nom de *Diakato* et qui, par son port, ses fleurs et ses fruits, rappelle la tomate des pays tempérés. Elle en diffère sensiblement pourtant. Ainsi, quand la plante est arrivée à complet développement, elle n'a pas besoin de support pour soutenir ses rameaux. Sa tige est plutôt arborescente. Elle ne rampe pas; elle se dresse, au contraire, vigoureusement. Par ce caractère, elle se classe tout naturellement dans la catégorie des solanées arborescentes. Ses fleurs, toujours très nombreuses, ressemblent absolument aux fleurs de nos tomates, mais elles sont de couleur légèrement violacée. Ses feuilles sont bien moins profondément découpées. Elles présentent une curieuse particularité. Les nervures principales, à leurs faces inférieures, sont très saillantes et sont munies de plusieurs épines légèrement molles, très adhérentes cependant, et très acérées. On les trouve encore sur les jeunes rameaux. La tige principale et ses premières divisions en sont dépourvues. La face supérieure des feuilles est d'un vert luisant, et la face inférieure, blanchâtre et légèrement veloutée. Les fruits ressemblent à ceux de la tomate ordinaire, mais sont un peu plus petits. Leur forme et leur disposition intérieure sont les mêmes. Leur goût est, par contre, tout différent. Au lieu d'être acide, comme cela a généralement lieu, ou sucré, il est excessivement amer. Cette amertume est surtout très prononcée quand ce fruit est mangé cru. Elle disparaît un peu quand il est cuit. La couleur de ce fruit n'est jamais d'un rouge vif, comme celle de nos tomates. Elle est jaune pâle et rouge écarlate mélangés.

Les semis se font vers la fin de mai. Quand la plante a atteint environ 8 à 10 centimètres de hauteur, elle est repiquée dans les jardins. Les pieds sont placés à environ 30 centimètres les uns des autres. Cette opération s'effectue généralement dans les premiers jours de juillet. La floraison a lieu en août, et les fruits arrivent à maturité en octobre et en novembre.

Les indigènes mangent cette tomate crue ou cuite, et, dans ce dernier cas, elle leur sert surtout à assaisonner leur riz. Nous avons souvent, au cours de nos voyages, mangé de ce riz ainsi préparé, et nous l'avons toujours trouvé plus savoureux. Cette espèce tient, par sa tige, ses feuilles et ses fleurs, au groupe *Melongena* du genre *Solanum*.

Il existe encore dans toute cette région une solanée qui donne de magnifiques petits fruits rouges de la grosseur d'une cerise et que l'on trouve en abondance sur tous les marchés du Soudan. C'est la *tomate cerise*. Elle croît partout en grande quantité, et, dans beaucoup de villages, elle tapisse les clôtures en bambous des jardins. Son port est absolument le même que celui de nos tomates des climats tempérés. Sa feuille et sa fleur ont les mêmes caractères. Elle se développe spontanément et n'a besoin d'aucune culture. Les indigènes la mangent crue, ou bien s'en servent comme condiment. Son goût aigrelet et rafraîchissant la fait rechercher des Européens, et il n'est pas de poste où elle ne paraisse, chaque jour, régulièrement sur la table. On la mange comme hors-d'œuvre avec ou sans sel, ou bien en salade, ou bien en omelette. Elle entre également dans la composition d'un excellent potage.

Nous croyons, à ce sujet, devoir mentionner ici combien dans les pays chauds notre tomate d'Europe dégénère, afin de bien faire ressortir que ce fruit, tel que nous l'obtenons, n'est absolument qu'un produit de la culture. La première année, les plantations donnent un fruit absolument identique quant à la forme, à la grosseur, au goût et à la couleur, à notre tomate. Si on sème, l'année suivante, les graines récoltées sur place, on n'obtient plus qu'une tomate de la grosseur d'une noix au plus et dont la forme, au lieu d'être discoïde, est devenue parfaitement oblongue. L'acidité est moins prononcée aussi. Semons des graines de cette dernière récolte, et nous n'avons plus alors que la tomate cerise. Quels que soient les procédés de culture que l'on emploie, c'est à cet inévitable résultat que l'on arrive toujours fatalement. Nul doute que le climat et la nature du sol n'influent sur ces transformations rapides. Deux années suffisent pour ramener la plante améliorée par la culture à l'échantillon origine. Nous avons observé le fait sur bien d'autres végétaux, et nous sommes persuadé que, sous les climats tropicaux, tout ce qui vit et se cultive sous les climats tempérés ne tarde pas à s'étioler et à dégénérer. Le règne végétal suit en cela les mêmes règles que le règne animal.

Oignon. — Cette plante potagère est surtout cultivée par les peuples de race mandingue. On n'en trouve que rarement et en très petite quantité dans les villages de race peulhe. Autour des villages bambaras et malinkés, on trouve bon nombre de petits carrés de jardins ensemencés avec soin. On choisit, de préférence, une terre riche en humus. Elle est proprement préparée et on n'y voit jamais le moindre brin d'herbe. Les semis sont faits avec la plus grande régularité et chaque pied distant de son voisin de 25 centimètres. Plantés vers la fin de l'hivernage, en octobre, la récolte se fait vers la fin de décembre. Chaque jour, les femmes et les enfants, à l'aide de calebasses, procèdent à l'arrosage. Ils se servent de ce légume pour assaisonner leur couscouss. L'oignon du Soudan est bien plus petit que celui de nos climats tempérés. La grosseur est à peu près celle d'une noix. La saveur est excessivement sucrée, et il est très recherché par l'Européen qui s'égare dans ces contrées. Avec les queues, on assaisonne les omelettes, les sauces, et les bulbes sont mangés en salade ou comme condiments. C'est pour l'estomac de l'Européen, délabré par le climat et la mauvaise alimentation, un des meilleurs excitants de l'appétit et surtout le plus inoffensif.

Le *Manioc* (*Manihot edulis*, H. Bn.) est assez rare dans le bassin de la Gambie. On ne le trouve guère que dans les régions les plus méridionales. La variété à laquelle il appartient est le manioc doux. Les maniocs vénéneux y sont relativement rares. Les indigènes le plantent par bouture, chaque année, au commencement de la saison des pluies. Les tubercules sont bons à manger vers la fin de février. La tige vit plusieurs années, mais elle se dessèche pendant l'hivernage. Les tubercules, au contraire, se conservent parfaitement dans la terre pendant toute la saison sèche, et émettent de nombreux rameaux qui se flétrissent à leur tour. Mais les tubercules de deux ou trois ans deviennent durs et coriaces. C'est pourquoi il est préférable, pour la consommation, de les cueillir chaque année et de multiplier la plante par boutures. Les indigènes mangent le manioc bouilli et mélangé à leur couscouss ou simplement cuit sous la cendre. Dans tous les jardins de nos postes, il est cultivé avec succès. Ses tubercules sont d'excellents légumes pour les potages, et je me souviens avoir mangé à Kita des galettes frites à la poêle et faites avec de la farine de manioc, du sucre et des jaunes d'œufs. Elles étaient absolument savoureuses et n'auraient été déplacées dans aucune de nos meilleures pâtisseries. On sait combien le tubercule du manioc ordinaire (*M. edulis,* Plum.) est vénéneux, et quelle est la préparation qu'il faut lui faire subir pour le rendre inoffensif. Il est connu que, dans le manioc doux, le principe nuisible est très peu abondant et que la cuisson suffit pour le faire disparaître. On ne saurait en nier l'existence, car les animaux eux-mêmes sont incommodés s'ils mangent simplement les feuilles, et meurent empoisonnés s'ils boivent le suc extrait du tubercule. Le manioc appartient à la famille des euphorbiacées. Il affectionne surtout les climats pluvieux et est précieux par ce seul fait que son tubercule se conserve longtemps dans la terre. Quant à l'aliment qu'il donne, il se digère facilement, est très rafraîchissant, mais possède peu de principes nutritifs.

L'*Igname* (*Dioscorea alata,* Plum.), de la famille des dioscorées (monocotylédones) est peu cultivée. La variété que l'on rencontre donne un tubercule ovoïde, aplati, de couleur noirâtre, en général, peu apprécié des indigènes. Quoi qu'il en soit, cette plante alimentaire prospère à merveille dans toute la région sud du bassin de la Gambie.

Les *Courges* et *Calebasses* sont partout cultivées en grande abondance dans tous les villages. Les courges sont généralement semées au pied des cases au début de la saison des pluies. Elles rampent sur les toits qui, en peu de temps, finissent par disparaître complètement sous leurs larges feuilles. Les fruits

sont comestibles et cueillis au commencement de la saison
sèche, vers la fin d'octobre. Il en existe un grand nombre de
variétés; la plus commune, le *Lagenaria vulgaris*, Ser., sert à
faire des vases et des bouteilles. Les indigènes connaissent les
propriétés thérapeutiques des graines de courges et les utilisent, dans certaines régions, pour expulser le ténia, qui y est
très commun.

Le *Calebassier* (*Crescentia Cujete*, L.) est, au contraire,
cultivé en pleine terre dans les lougans. Son fruit est comestible et sa coquille, coupée en deux, sert de vase et d'ustensile
de ménage.

Le *Gombo* (*Hibiscus esculentus*, L.), de la famille des malvacées, se cultive surtout dans les jardins. C'est une plante
annuelle qui atteint de grandes dimensions. Elle aime les terrains humides et riches en humus. On la sème vers le commencement de juillet et ses fruits sont cueillis et mangés au commencement de la saison sèche. Dès que les pluies ont cessé, la
plante se dessèche rapidement et meurt. Les graines germent
très rapidement et, en trois mois, le développement est complet.
Les fruits sont oblongs et ont environ 10 centimètres de longueur sur 3 ou 4 de largeur. La coque porte des côtes très
marquées suivant lesquelles elle s'ouvre quand elle est sèche.
Elle est très pointue au sommet et couverte de poils. On
mange les fruits quand ils sont encore jeunes. Si alors on en
sectionne un transversalement, on trouve les graines noyées
dans une pulpe blanchâtre, visqueuse. A la cuisson, cette
pulpe se transforme en une sorte de mucilage peu savoureux.
Elle disparaît quand le fruit est sec. Les indigènes mangent le
gombo bouilli avec du riz, du couscouss, de la viande ou du
poisson. Cuit à l'eau et assaisonné ensuite à froid, à l'huile et
au vinaigre, on en fait une salade qui n'est pas dédaignée des
Européens.

Dans cette catégorie de plantes, nous citerons pour mémoire
l'*arachide* (*Arachis hypogœa*, L.) dont les graines constituent
un précieux aliment. Dans le cours de ce mémoire, nous
ferons de ce végétal une étude aussi approfondie que possible.

Le *M'Bolon-M'Bolon* est une petite plante herbacée de la
famille des légumineuses, qui croît dans le Tenda, le Dentilia,
le Konkodougou, le Diébédougou, etc., et dont les indigènes
utilisent les feuilles et les jeunes pousses comme condiments.
Elle peut atteindre au maximum 30 à 40 centimètres de hauteur. Tige herbacée dont la grosseur ne dépasse jamais celle du
petit doigt. Feuilles lancéolées, longues d'environ 4 centimètres.
Leur face supérieure est vert pâle, lisse; leur face inférieure,
blanchâtre et légèrement rugueuse. Si on écrase entre les doigts
une de ces feuilles, elle exhale une odeur vireuse très prononcée. Leur saveur est légèrement acidulée. Le fruit est une
gousse à valves excessivement convexes et qui se dessèchent
très rapidement. Ces valves sont transparentes et, à leur
charnière, viennent s'insérer les graines très nombreuses,
petites, ressemblant à celles du radis. Elles se détachent très
facilement de leur point d'insertion et sont presque toujours,
de ce fait, libres dans la gousse.

Les indigènes du Tenda, du Diébédougou et du Konkodougou
font bouillir les feuilles du m'bolon-m'bolon, les réduisent en
pâte qu'ils mangent avec leur couscouss ou bien s'en servent
pour fabriquer une sorte de sauce verdâtre dans laquelle ils
trempent leur poignée de couscouss, ou de riz avant de la
manger. Le goût de ce condiment rappellerait un peu celui des
épinards. Il est cependant moins fade.

Parmi les arbres fruitiers, on remarquera tout particulièrement les *Dattiers, Papayers, Bananiers, Citronniers, Oran-
gers*. Ces végétaux sont trop connus pour que nous en parlions
plus longuement. De même, nous ne citerons que pour
mémoire : le *Karité*, le *Laré* ou *Saba*, le *Baobab* dont nous
ferons dans les chapitres suivants une description aussi complète que possible, et le *Kola* qui ne se rencontre pas dans ces
régions, mais dont les noix y sont importées de Sierra-Leone
et de Konakry et consommées en grande quantité par les indigènes. Nous ne nous occuperons ici que du *Nété*, du *N'taba*,
du *Dougoura*, du *Seno*, du *Cantacoula* et de la *vigne du
Soudan* dont l'histoire botanique est encore peu connue.

Le *Nété* ou *Néré* (*Parkia biglobosa*, H. Benth.) est une belle légumineuse de la tribu des Parkiées. On la trouve en grande quantité dans le Bambouck, le Bélédougou et la Haute-Gambie. Il est facile de la reconnaître à ses feuilles profondément découpées, qui ressemblent à s'y méprendre à celles de certaines de nos fougères, et à ses fleurs d'un beau rouge foncé et disposées 'en forme de boule à l'extrémité des jeunes rameaux. Son fruit est une gousse d'une belle dimension en tout semblable à nos plus beaux haricots. Il contient une douzaine de graines entourées d'une pulpe jaune relativement assez compacte et abondante. Cette pulpe est très parfumée. Sèche, elle forme une sorte de farine que les indigènes mangent volontiers pendant la disette. Les fruits poussent au nombre de huit ou dix au maximum à l'extrémité des jeunes rameaux. Ce végétal fleurit de juin à août et ses fruits ne sont guère comestibles avant le mois de mars de l'année suivante. Son bois est généralement peu employé.

N'taba. Le *N'taba*, que les Ouolofs appellent encore *N'Dimb*, est une Malvoïdée de la famille des Sterculiacées. C'est le *Sterculia cordifolia*, Cav. ou *Kola cordifolia*, Rob. Brown, ainsi nommé parce que ses feuilles sont en forme de cœur. C'est un des plus beaux végétaux de l'Afrique tropicale. On le reconnaît aisément à son tronc énorme, à ses feuilles excessivement larges et à son fruit absolument caractéristique. Ce fruit, qui vient à l'extrémité des jeunes rameaux, a la forme d'une gousse volumineuse, dont les valves charnues s'ouvrent à la pression par son arête convexe. Son extrémité libre est munie d'une sorte d'appendice charnu en forme d'aiguillon de 0^m06 environ de longueur. Quand il est mûr, il a une couleur rouge clair qui ne peut laisser aucun doute. Il renferme une douzaine de graines polyédriques noyées dans une pulpe jaunâtre, savoureuse et excessivement parfumée. C'est un des meilleurs desserts que j'aie rencontrés au Soudan, et souvent nous nous en sommes régalés. Les fruits sont accouplés au nombre de trois, cinq ou sept en faisceaux et adhèrent fortement au pédoncule et à la tige qui les porte. Ils tombent rarement et, pour les cueillir, on est obligé de sectionner le rameau qui les porte.

Cet arbre acquiert des proportions gigantesques. Nous en avons vu dans le Ouli, le Sandougou, le Kantora, à Mac-Carthy, etc., etc., des spécimens vraiment remarquables. Dans ces régions, c'est l'arbre à palabres préféré dans tous les villages, et son épais feuillage est recherché pendant les heures chaudes de la journée.

Le n'taba habite, de préférence, les terres riches en humus et les terrains à latérite. On ne le trouve, pour ainsi dire, jamais sur les bords des marigots. Et, pourtant, il affectionne tout particulièrement les régions humides. Aussi est-il excessivement rare dans les régions sablonneuses et les steppes du Soudan. C'est surtout dans le sud de nos possessions qu'on le rencontre, de préférence, dans le Sandougou, le Ouli, le Konkodougou, le sud du Diébédougou, le Damantan, le Niocolo, le pays des Coniaguiés et des Bassarés, etc., etc. Il se prête cependant assez volontiers à la culture dans des régions plus septentrionales. Ainsi, à Bammako, notre excellent ami M. le vétérinaire Körper a obtenu, à ce sujet, des résultats surprenants et a pu acclimater absolument ce végétal sur cette partie des bords du Niger. Il ne faut pas oublier que le n'taba est le congénère du kola. Il est donc permis d'espérer que l'on pourra arriver un jour à cultiver ce dernier végétal dans les régions où croît le premier.

Le n'taba est peu utilisé par les indigènes. Dès qu'ils sont mûrs, les fruits sont mangés avec avidité par les enfants. Dans certaines régions, à Missira (Sandougou) notamment, il m'a été dit que ces fruits étaient parfois employés avec succès contre certaines diarrhées rebelles. Je n'ai jamais eu à le constater.

Le n'taba, suivant les régions qu'il habite, fleurit du mois de janvier au mois de mars, et les fruits arrivent à maturité du commencement de juin à la fin de juillet. Il porte des feuilles pendant toute l'année. Il a été introduit à la Guyane (Maroni).

Dougoura. — Le dougoura est un bel arbre, qui atteint des

proportions énormes, et qu'à la forme de sa graine j'ai cru reconnaître appartenir à la famille des Térébinthacées. Son tronc volumineux, droit, élancé, s'élève parfois à 6 ou 8 mètres de hauteur. Il émet à ce niveau des branches maîtresses énormes qui donnent elles-mêmes un grand nombre de rameaux. Son écorce est épaisse, profondément fendillée, et si on y pratique une incision intéressant toute son épaisseur, il en découle un suc blanc, laiteux, épais, poissant les doigts et exhalant une odeur prononcée de térébenthine. Son bois est blanc, dur, et parfois les indigènes s'en servent pour fabriquer des mortiers à couscouss. Ses feuilles, peu épaisses et peu touffues, sont d'un vert tendre, luisantes, et leur forme rappelle un peu celle de l'acacia de nos jardins. Je n'en ai jamais vu la fleur. Le fruit est des plus caractéristiques et permet de reconnaître de loin l'arbre qui le porte. Il croît à l'extrémité des jeunes rameaux. Sa forme et sa couleur rappellent celles du citron. Sa grosseur est celle du poing à peu près. Quand il est vert, il adhère fortement à la tige qui le porte. Il tombe à maturité complète et, sous les arbres, le sol en est parfois couvert, car il est excessivement abondant. Son épicarpe, relativement épais, laisse couler à l'incision une notable quantité de suc blanc, semblable à celui que l'on obtient en incisant le tronc, mais plus fluide. La membrane qui le recouvre est mince, luisante et de la couleur d'une peau de citron arrivé à maturité. Le sarcocarpe est formé par une pulpe abondante, d'un jaune clair, dans laquelle sont noyées les graines qu'entoure un spermoderme membraneux peu résistant. Cette pulpe, très savoureuse, est fort appréciée des indigènes et nous nous en sommes fréquemment régalé. Les graines sont volumineuses. Chaque fruit en contient dix ou douze au maximum. Elles ont la forme d'une grosse fève dont les cotylédons énormes se séparent aisément. Elles sont entourées d'une enveloppe brune qui se détache facilement lorsqu'elles sont restées quelques heures à l'air et au soleil. L'embryon, très volumineux, est très apparent. C'est une *Burséracée* dont il n'a pas été possible de faire la détermination exacte à cause de l'absence des fleurs. Ce fruit est très rafraîchissant et constitue une précieuse ressource pour les indigènes de ces régions qui, dans les temps de disette, en font une abondante consommation.

Séno. — Le séno (Bambara et Malinké) est un végétal sur lequel je ne saurais trop attirer l'attention de ceux qui sont appelés à voyager au Soudan français. C'est un arbuste de taille moyenne qui, par son port, son feuillage, ses fruits et ses fleurs, rappelle absolument une rosacée du genre Prunus. Jusqu'à ce jour, je l'avais considéré comme tel, n'ayant pu constater que ses caractères macroscopiques. Mais, après un examen attentif, M. Cornu, professeur au Muséum d'histoire naturelle de Paris, est arrivé à le déterminer exactement. C'est une *Olacinée* du genre *Ximenia*. M. le professeur Heckel, de la Faculté des sciences de Marseille, la rapproche du *Ximenia americana* et l'a nommée *Ximenia Seno*, D. C.

Ce végétal est assez commun au Soudan, surtout dans le Fouladougou, le pays de Kita, le Manding, le Bambouck, le Dentilia, le Konkodougou. Il croît, de préférence, dans les terrains pauvres en humus et dans l'interstice des rochers. Très rare sur les bords des marigots, il fait également défaut dans les terrains argileux. Cet arbuste atteint au plus 3 mètres de hauteur. Sa tige, rarement droite, est difforme, et son diamètre ne dépasse pas 10 centimètres. A sa partie supérieure, elle émet un grand nombre de rameaux, qui portent, en général, quelques dards acérés d'environ 3 centimètres au plus de longueur. Ce caractère n'est pas constant. Ces rameaux ne sont pas parfaitement cylindriques, ils sont plutôt polyédriques, et leur écorce, au bout de peu de temps, prend une teinte grisâtre caractéristique. Les feuilles sont simples, entières, généralement stipulées. Leur face supérieure est d'un beau vert foncé, et leur face inférieure est blanchâtre. Elles sont peu abondantes. La fleur est blanche, régulière, à cinq divisions, et croît à l'extrémité des jeunes rameaux. Les fruits ressemblent, à s'y méprendre, à la prune mirabelle. Ils sont moins allongés cependant et parfaitement sphériques. Ils sont presque toujours très abondants. Leur grosseur est celle d'une grosse noisette. Verts quand ils sont jeunes, ils sont d'un beau jaune doré quand ils sont arrivés à maturité. Tous ceux qui ont voyagé au Soudan les connaissent parfaitement. Ils possèdent une pulpe peu abondante, rafraîchissante, d'un goût aigrelet, légèrement aromatique et très agréable. Le noyau, très volumineux relativement à la grosseur du fruit, est d'un blanc bleuâtre ou jaunâtre. Il se laisse facilement broyer sous les dents et est complètement rempli par une amande d'un beau blanc nacré. Cette amande a un goût très agréable de laurier-cerise, mais il faut bien se garder de la manger. Elle contient, en effet, une proportion considérable d'acide cyanhydrique. L'ingestion de sept ou huit d'entre elles suffit pour provoquer de graves accidents toxiques. J'en ai eu un jour un exemple frappant sous les yeux. Dans le courant du mois d'avril 1888, je faisais route de Koundou à Kita avec M. le sous-lieutenant Fournier, de l'infanterie de marine, décédé l'année suivante à Bammako; à peu près à mi-chemin de Koundou au village de Siguiféri, où nous devions faire étape, nous trouvâmes un magnifique séno absolument chargé de fruits arrivés à maturité complète. Nous en fîmes chacun une ample provision. J'en mangeai environ une quinzaine, mais sans absorber une seule amande. Mon compagnon, au contraire, que, par mégarde, je n'avais pas songé à avertir, en croqua une dizaine à peu près. Tout se passa bien jusqu'à Siguiféri, où nous arrivâmes deux heures après. Mais à peine étions-nous installés à notre campement qu'il se plaignit de nausées et de violentes coliques. Peu après, quatre heures environ après l'ingestion des fruits, diarrhée abondante, vomissements fréquents, pâleur du visage, sueurs profuses et froides, légère stupeur, grande fatigue générale. J'eus, de suite, l'explication de tous ces symptômes quand, sur ma demande, il m'eut avoué avoir mangé une dizaine d'amandes de séno. Vers cinq heures du soir, il se sentit un peu mieux et nous pûmes nous remettre en route. Mais ce ne fut que deux jours après qu'il fut complètement rétabli. Pendant tout ce laps de temps, il éprouva fréquemment de désagréables nausées et, surtout, une saveur persistante d'amandes amères qui l'écœurait et l'empêchait absolument de manger.

Cantacoula. — Le cantacoula est un arbuste qui a de grandes ressemblances, par son port et son fruit, avec l'oranger. D'après E. Heckel, ce serait une *Rutacée aurantiacée* qui se rapprocherait beaucoup des *Feronia* de l'Inde. Les plus beaux spécimens ne dépassent pas 2 à 3m50 de hauteur, et leur tronc à sa partie moyenne n'a pas plus de 10 à 15 centimètres de diamètre. Les feuilles, qui sont d'un vert pâle, rappellent par leur forme celles de l'oranger. Elles sont généralement rares et tombent dès les premières chaleurs. Les rameaux portent des dards acérés qui peuvent atteindre de 4 à 5 centimètres de longueur. Il fleurit vers la fin de septembre. Ses fleurs, blanches ou jaunes, sont situées à l'extrémité de petits rameaux et ne tombent guère que quinze ou vingt jours après leur éclosion. Le fruit qui les remplace a absolument la forme d'une orange, et sa couleur, quand il est mûr. Ce fruit possède une coque très épaisse et très résistante, dans laquelle sont noyées, au milieu d'une pulpe abondante, trente ou quarante graines de forme discoïde. Cette pulpe, excessivement acide, est légèrement et agréablement parfumée. Elle est précieuse pour le voyageur pendant les grandes chaleurs, car elle est excessivement rafraîchissante et désaltère celui qui en fait usage. Elle aurait, paraît-il, des vertus astringentes, et les indigènes l'utiliseraient contre certaines diarrhées rebelles. Le cantacoula croît, de préférence, dans les terrains pauvres en humus et surtout dans les terrains à roches ferrugineuses. Il affectionne tout particulièrement les plateaux rocheux et les versants dénudés des collines. Son fruit arrive à maturité complète à la fin de janvier et dans le courant de février. Il se détache difficilement, et, pour le cueillir, il faut couper le pédoncule à l'extrémité duquel il s'insère. Les indigènes utilisent sa coque pour en faire des tabatières et s'en servent pour fabriquer des récipients dans lesquels ils renferment des grains de cette espèce d'encens que l'on désigne sous le nom de *Hammout*, et sur lequel nous reviendrons plus loin.

Vigne du Soudan. — Ce végétal est très commun au Soudan. Je l'ai trouvé un peu partout, mais particulièrement aux environs de Kayes, à Koundou, à Niagassola, dans le Bondou, le Tiali, le Niéri, le Ouli, le Bélédougou, le ravin de Soknafi, non loin de Bammako. Nulle part il n'est cultivé et croît partout spontanément. Il affectionne particulièrement les terrains bas, humides et surtout les forêts les plus épaisses et dont le sol est le plus riche en humus. J'ai remarqué que les pieds qui croissaient sur les plateaux portaient rarement des fruits. Ils étaient brûlés par le soleil avant d'avoir produit, et n'arrivaient jamais à complet développement.

La vigne du Soudan ressemble beaucoup, comme port, aux vignes américaines et surtout aux espèces *Othello* et *Hundinckton* que l'on cultive actuellement en France, mais elle est loin d'atteindre les dimensions qu'elles acquièrent sous nos climats. C'est surtout par le feuillage qu'elle s'en rapproche le plus.

Elle fleurit vers la fin de juillet ou le commencement d'août; ses fruits arrivent à maturité complète vers la fin d'octobre ou au commencement de novembre. Les grappes en sont généralement peu nombreuses et peu fournies. Nous avons souvent vu des pieds adultes qui n'en portaient aucune.

Jusqu'à ce jour on en a déterminé cinq espèces principales : les *Vitis Lecardi, Durandi, Fadherbi, Chantini* et *Narydi.* Les trois dernières sont les plus productives. Le *Vitis Fadherbi* donne un raisin jaunâtre et le *Vitis Narydi* un raisin très doré. Quant à l'espèce *Lecardi,* qui est surtout très commune sur les bords du Niger, elle produit un grain violet noirâtre, qui n'a que peu de saveur.

Les grains de toutes les espèces de vignes du Soudan sont petits. Leur grosseur ne dépasse pas celle d'un gros pois. La pulpe est peu abondante, et les graines très volumineuses. C'est, du reste, la caractéristique de la majeure partie des fruits non cultivés des pays chauds. Cette pulpe a légèrement le goût du raisin, et encore n'arrive-t-on à le découvrir qu'avec la plus grande bonne volonté. On a fait à ces végétaux une réputation qu'ils sont loin de mériter, et certains utopistes leur ont attribué une importance que, dans l'état actuel des choses, ils sont loin d'avoir. Peut-être arrivera-t-on, par la culture, à les améliorer et à en augmenter la production, mais bien des siècles s'écouleront encore avant qu'on ait pu en tirer un produit qui puisse rappeler de loin les vins de nos plus mauvais crus.

Il existe encore dans le bassin de la Gambie un grand nombre d'autres végétaux dont les fruits sont comestibles. Nous estimons qu'il serait fastidieux, dans cette revue rapide, d'en donner l'énumération et d'en faire la description. Aussi avons-nous cru ne devoir parler que des plus intéressants.

II. — Végétaux pouvant être utilisés pour le tannage.

Il existe en Gambie de nombreuses espèces végétales qui pourraient être utilisées avantageusement par l'industrie du tannage. Nous citerons les principales.

L'*Anacarde* ou *Acajou à pommes* (*Anacardium occidentale,* L.), famille des Térébinthacées, est relativement rare dans ces régions. On ne le rencontre guère que dans le Konkodougou et le Niocolo. C'est un arbre de taille moyenne, qui croît généralement dans les terrains humides. Ses feuilles sont simples, ovales, obtuses au sommet. Ses fleurs sont disposées en panicules terminales; leur corolle, plus longue que le calice, est à cinq divisions. Le fruit, qui est connu sous le nom de *Noix d'acajou,* est réniforme, à péricarpe coriace, creusé d'alvéoles remplies d'une huile visqueuse, noirâtre et caustique. Amande blanche, réniforme, huileuse, de saveur douce et agréable. La noix d'acajou est suspendue, par sa base plus renflée, à l'extrémité supérieure d'un corps charnu, piriforme, dû au développement anormal du réceptacle. Ce corps, nommé *Pomme d'acajou,* est sucré, acidulé, un peu âcre.

L'écorce de l'anacarde donne à l'incision une résine jaune et dure que l'on désigne sous le nom de *Gomme d'anacarde.* Les feuilles de ce végétal sont riches en tannin et pourraient être utilisées avec avantage pour préparer les peaux d'animaux.

Le *Manguier* (*Mangifera indica*, L., *Mangifera domestica*, Gœrtn) appartient encore à la famille des Térébinthacées. Il est excessivement rare. D'après Avequin, l'amande de son fruit est très astringente et contient beaucoup d'acide gallique.

Le *Rhus typhina*, L., Térébinthacées, est beaucoup plus commun. C'est un beau végétal qui présente les caractères suivants : fleurs polygames ; calice à cinq divisions persistantes, cinq pétales ovales étalés ; cinq étamines à filets courts ; ovaire uniloculaire ; trois styles très courts. Le fruit est une drupe monosperme. L'écorce de cet arbre contient une grande quantité de tannin. Les feuilles et le fruit sont relativement moins riches. Les indigènes utilisent de préférence les feuilles et l'écorce.

L'écorce du *Touloucouna* (*Carapa touloucouna*, L., ou *Carapa guyanensis*, Guill.) contient également de notables proportions de tannin. Nous parlerons, du reste, plus loin plus longuement de cet intéressant végétal.

Nous n'insisterons pas davantage sur les végétaux que notre industrie pourrait utiliser pour le tannage. Il est facile, en effet, de se faire une idée à peu près exacte de la valeur de ces différentes essences, si on songe qu'avec les moyens si primitifs dont disposent les noirs, ils arrivent à fabriquer des cuirs d'une grande solidité et d'une souplesse remarquable.

III. — Plantes oléagineuses.

Les plantes oléagineuses sont nombreuses et leurs graines riches en matières grasses. Nous citerons en première ligne l'arachide (*Arachis hypogæa*, L.). Elle appartient à la famille des Légumineuses césalpiniées. Elle est cultivée dans toute notre colonie du Sénégal et au Soudan français. Celles de la Gambie sont particulièrement recherchées et jouissent dans le commerce d'une faveur bien méritée. C'est une plante herbacée, radicante, annuelle, à tige et rameaux cylindriques, pubescents ; feuilles engainantes, composées de deux paires de folioles, inflorescence axillaire au cyme unipare, biflore, fleurs hermaphrodites, parfois polygames, subsessiles, calice gamosépale à cinq divisions et à préfloraison quinconciale; corolle gamopétale, papilionacée; 10 étamines monadelphes, l'antérieure stérile; ovaire supère 3-4 sperme; style long, pubescent à l'extrémité; pas de stigmate; ovules anatropes, ascendants; fruit sec indéhiscent, testacé, porté à l'extrémité d'un long pédoncule porté à l'aisselle des feuilles; embryon homotrope, à radicule infère; cotylédons huileux. Après la fécondation, le pédicule floral s'allonge vers le sol et y fait pénétrer l'ovaire qui s'enfonce jusqu'à une profondeur de 5 à 8 centimètres, grossit et se transforme en une gousse un peu étranglée en son milieu; cette gousse est longue de 25 à 30 millimètres et épaisse de 9 à 14. Elle est composée d'une coque blanche, mince, réticulée, contenant 1-4 semences rouge vineux au dehors, blanches au dedans, et d'un goût rappelant assez celui de la noisette.

Ces graines donnent une huile d'excellente qualité qui peut remplacer dans tous ses usages et sans inconvénient l'huile d'olives.

Depuis que le commerce des arachides a pris une extension considérable et telle que l'on peut dire qu'il est le plus important de la côte occidentale d'Afrique, les indigènes cultivent cette plante avec beaucoup plus de soin et sur une plus grande échelle. La production en augmente chaque année, et elle serait bien plus considérable encore si les procédés de culture n'étaient pas aussi primitifs.

L'arachide est une plante excessivement épuisante. Pour la cultiver, les indigènes fertilisent le sol en brûlant simplement les mauvaises herbes qu'ils ont d'abord coupées et laissées sécher sur place; les femmes et les enfants bêchent alors légèrement le terrain, sèment les graines et les recouvrent de terre. Les semis se font de la fin juin au commencement d'août, et la récolte a lieu trois ou quatre mois après. Quand les gousses sont mûres, on arrache les pieds d'arachides qu'on laisse sécher au soleil, puis on sépare les gousses des feuilles et des tiges.

Les noirs utilisent l'arachide en maintes circonstances et de toutes façons. La graine constitue pour eux un aliment de premier ordre, soit fraîche, soit sèche, soit crue, soit torréfiée. Ils en extraient l'huile qui sert à leur cuisine. Nous avons eu souvent recours à leur industrie pour en avoir et nous n'avons pas eu à nous en plaindre. Cette huile leur sert également à fabriquer, avec les cendres de certains végétaux, un savon dont nous nous sommes souvent servi et qui nous a été souvent très utile. L'arachide pilée ou écrasée entre deux pierres leur sert de condiment pour la plupart des sauces avec lesquelles ils assaisonnent leur couscouss. Ils font également des cataplasmes d'arachides en certaines circonstances et se frictionnent avec son huile dans les cas de douleurs rhumatismales. Enfin, la poudre qu'ils obtiennent, en les écrasant après les avoir fait brûler, leur sert pour se tatouer les gencives et la lèvre inférieure.

Les feuilles vertes sont employées pour les sauces et en cataplasmes; après la récolte, ils les font sécher avec leurs tiges, et cela constitue une paille qui est, à juste titre, considérée comme le meilleur fourrage du Soudan. Les animaux qui en mangent engraissent rapidement, et le lait des vaches qui en consomment est plus savoureux et plus riche en principes nutritifs que celui de celles qui n'en font pas usage.

Le commerce des arachides commence à prendre dans le bassin de la Gambie une réelle importance. La Compagnie française de la côte occidentale d'Afrique y en achète, chaque année, de notables quantités qu'elle transporte à Mac-Carthy, où elle les charge sur ses vapeurs. Il ne fera que croître, surtout si on peut arriver à améliorer les moyens de transport et à lui créer sur le fleuve de nouveaux débouchés.

La valeur commerciale de l'arachide dans la Gambie est environ de 17 francs les 100 kilog. En France, elle vaut, suivant le cours, de 25 à 30 francs les 100 kilog. Le rendement est considérable et peut être évalué à 3,000 kilog. par hectare.

La *Pourghère* (*Jatropha Curcas*, L.) ou *Médicinier cathartique*, appartient à la famille des Euphorbiacées. C'est une plante à feuilles lobées ou palmées, à fleurs dioïques disposées en grappes et pourvues d'un calice et d'une corolle. Les mâles ont dix étamines monadelphes, et les femelles un ovaire à trois loges monospermes, avec trois styles bifides. Son port rappelle celui du ricin, et ses graines, plus grosses que celles de ce dernier végétal, sont noirâtres plutôt que mouchetées. Leur forme est celle des graines de ricin. La pourghère donne des graines oléagineuses et éminemment purgatives et émétiques. Elle croît et se multiplie au Sénégal, au Soudan et dans les Rivières du Sud avec une grande rapidité. On s'en sert surtout dans les Rivières du Sud, le Baol, le Sine, le Saloum, etc., pour faire des haies de jardins. Nous avons vu à Damentan une jolie plantation de coton complètement entourée de pourghères. Les indigènes en utilisent les graines comme purgatives. Deux de ces semences suffisent pour déterminer une abondante évacuation. Six à huit occasionnent des symptômes alarmants d'empoisonnement. L'absorption d'une douzaine est suivie de mort. L'huile est purgative à la dose de huit à dix gouttes au plus. Une dose plus élevée ne manquerait pas d'entraîner de graves accidents. Cette huile peut servir également à l'éclairage. Elle brûle en donnant peu de fumée et peu d'odeur. Elle est encore utilisée avec avantage pour la fabrication des savons et pour le graissage des machines. Elle est très fluide, presque incolore, âcre et très peu soluble dans l'alcool.

Cultivée sur une grande échelle, la pourghère pourrait donner de sérieux profits, car elle demande peu de soins et donne un rendement considérable. Les quelques essais faits jusqu'à ce jour, mal dirigés et peu encouragés, n'ont donné aucun résultat appréciable. Il faut dire aussi qu'on n'y a apporté aucune méthode ni aucun soin et que l'on s'est vite lassé de lutter contre l'apathie des indigènes. Tout est à recommencer.

Le *Ricin* (*Ricinus communis*, L.) croît à merveille au Sénégal et au Soudan, mais il n'est guère cultivé qu'au Sénégal, dans le Cayor, et encore depuis quelques années seulement, grâce à l'intelligente initiative de M. le Dr Castaing, pharmacien principal de la marine. Les indigènes n'aiment générale-

4

ment pas à en ensemencer leurs lougans, car ils prétendent que ce végétal nuit à leurs autres cultures. Le fait est qu'il prolifère avec une grande rapidité et finit par couvrir de ses rejetons, en peu de temps, de grandes étendues de terrain. Sa destruction demande beaucoup de travail, ce qui, on le sait, n'est guère l'affaire du noir. La graine du ricin du Sénégal et du Soudan est plus petite que celle des ricins d'Amérique, mais elle jouit des mêmes propriétés purgatives, et l'huile qu'elle donne peut être employée, avec avantages, aux mêmes usages. Cette graine est ovoïde, convexe du côté externe, aplatie avec un angle longitudinal peu saillant du côté interne. Sa surface est généralement lisse et luisante, grise avec des taches brunes. Sa largeur est d'environ 8 millimètres.

Le ricin donne au Sénégal et au Soudan un rendement considérable. Il pourrait, de ce fait, faire l'objet de transactions commerciales importantes. Déjà, les résultats obtenus dans la banlieue de Saint-Louis sont des plus satisfaisants, et la Compagnie française de la côte occidentale d'Afrique le paie couramment dans le Cayor 20 et 25 francs la barrique. Il serait facile de le cultiver en grand dans tout le bassin de la Gambie. Cette plante ne demandant que peu de soins et croissant, pour ainsi dire, spontanément, les indigènes en feraient de belles plantations, si, surtout, on s'efforçait de leur faire comprendre tout le bénéfice qu'ils en pourraient retirer.

Le *Karité* ou *Shee* (*Butyrospermum Parkii*, Don.) est un bel arbre de la famille des Sapotacées. Dans ce chapitre, nous ne parlerons que du corps gras que l'on retire de ses graines et qui est connu sous le nom de *beurre de karité*, nous réservant de faire plus loin une étude plus complète de ce précieux végétal. Voici comment les indigènes préparent ce beurre. La récolte faite, on verse les graines dans de grands trous creusés généralement dans les cours des villages. On les laisse là pendant plusieurs mois. Elles y perdent la pulpe qui les entoure et qui y pourrit. Les noix retirées sont ensuite placées dans une sorte de four en argile où on les fait sécher et griller assez, de façon que leurs enveloppes puissent facilement se détacher. L'amande est alors écrasée de façon à former une pâte bien homogène. Cette pâte est plongée dans l'eau froide où on la laisse pendant vingt-quatre heures, puis battue, pétrie et tassée en forme de pains, enveloppée de feuilles sèches et bien ficelée. Ces pains sont suspendus dans l'intérieur des cases et peuvent ainsi se conserver pendant longtemps. Le prix du beurre de karité est d'environ 2 francs le kilog. dans les pays de production. Il pourrait servir avantageusement en Europe pour la fabrication du savon et des bougies; car il est très riche en matières grasses; mais son prix de revient est trop élevé pour qu'on puisse songer à l'utiliser sur une grande échelle. Son goût est, au premier abord, assez répugnant. Cela tient à ce qu'il n'est jamais pur. Pour la cuisine, on le fait fondre dans une grande marmite, et, quand il est bouillant, on y projette avec la main quelques gouttes d'eau froide qui, en se volatilisant, entraînent avec elles les huiles empyreumatiques qui lui donnent sa saveur désagréable et nauséabonde. Ainsi préparé, il peut être utilisé même pour la cuisine européenne. Nous nous en sommes fréquemment servi pour notre usage personnel et nous nous y sommes très vite habitué.

Le beurre de karité sert également à panser les plaies. C'est un excellent cérat, et nous en avons obtenu de bons résultats dans le traitement d'ulcères anciens et pour panser les crevasses de nos chevaux. Il est également précieux quand on a à soigner des plaies résultant de brûlures profondes.

Le karité, comme nous le verrons plus loin, est très abondant dans tout le Soudan occidental et, dans le bassin de la Gambie notamment, on le trouve en notable quantité dans le Tenda, le Gamon, le Badon, le Damentan, le Niocolo et le Coniagué. Il y aura là certainement une grande source de richesses quand on sera arrivé à améliorer la production et l'exploitation.

Le *Palmier oléifère* (*Elæis guineensis*, Jacq.) est très rare au Sénégal et au Soudan. On ne commence guère à le rencontrer que dans le sud du bassin de la Gambie, dans le Combo, le Fouladougou, le Coniagué, etc., etc. Il se multiplie rapidement, croît spontanément et ne demande aucune culture. Dans les pays de production, il donne deux récoltes par an, en mars et en novembre. Chaque pied donne deux ou trois régimes au plus qui portent un grand nombre de fruits. Ces fruits, qui ressemblent à de grosses cerises, sont formés par un sarcocarpe fibreux et huileux et contiennent une amande grasse incluse dans un noyau très dur et qui est connue dans le commerce sous le nom d'*amande de palme.* Ces fruits donnent une huile qui, sous le nom d'*huile de palme,* est utilisée avec avantage par nos industries. Voici comment les indigènes la fabriquent : Les fruits mûrs sont jetés dans une fosse de terre entourée d'un petit mur et tapissée de feuilles du végétal. On y verse une quantité d'eau assez considérable pour qu'ils y baignent. Puis on les écrase de façon à en détacher la pulpe. L'opération terminée, on verse encore de l'eau et on agite violemment à plusieurs reprises. L'huile apparaît alors à la surface en écume rougeâtre. On la recueille dans de grands canaris (sortes de vases en terre) placés sur des brasiers ardents. Elle est alors soumise à une ébullition prolongée, puis tamisée dans un grand vase à moitié rempli d'eau. Le liquide ainsi obtenu est alors écrémé et c'est l'huile de palme du commerce.

Cette huile est d'un beau jaune orange. Elle exhale une odeur très agréable d'iris ou plutôt de violette. Elle rancit rapidement au contact de l'air. Sa saveur est douce et elle se solidifie au-dessous de 30°. On la désigne alors sous le nom de *beurre de palme.* Les indigènes du bassin de la Gambie lui donnent en langue mandingue le nom de *N'té N'toulou.* Elle sert à assaisonner certains mets qui ne sont pas à dédaigner.

De l'amande du palmier oléifère, on extrait également une matière grasse, solide, qui peut servir, quand elle est fraîche, aux mêmes usages que le beurre. Les indigènes ne l'utilisent pas. L'amande de palme donne environ 53 0/0 d'huile, et le brou de la noix, quand il est frais, en donne jusqu'à 70 0/0. L'huile et les amandes de palme donnent lieu en Gambie et surtout à Sainte-Marie-de-Bathurst à des transactions commerciales relativement importantes. Il serait facile, en propageant le végétal dans toute la région sud du bassin de la Gambie, de leur donner une plus grande extension.

Le *Coula* (*Coula edulis*, H. Bn.), que l'on rencontre surtout dans le Saudougou, le Ouli, le Tenda et le pays de Gamon, appartient à la famille des Olacinées. Ce végétal se reconnaît à ses feuilles alternes. Inflorescence en grappes axillaires ; fleurs hermaphrodites, régulières, pentamères ; corolle polypétale, valvaire, hypogyne ; vingt étamines inégales ; ovaire supère ; style petit, conique ; placenta central, libre, trois ovules descendants. Le fruit est une drupe sphérique à brou peu épais ; noyau très dur et monosperme ; albumen abondant et charnu, goût de noisette. Il donne jusqu'à 33 0/0 d'une huile comestible. Ce végétal est relativement assez rare. Toutefois, les échantillons que nous en avons vus nous permettent d'affirmer qu'il serait très facile de le propager rapidement.

Le *Cotonnier* (*Gossypium punctatum*, Guil. et Perrotet), sur lequel nous reviendrons plus longuement plus loin, est cultivé sur une grande échelle dans toute cette région. Ses graines donnent une huile que notre industrie emploie utilement. Marseille a, pour ainsi dire, en France le monopole de sa fabrication. Il y aurait là une source considérable de bons revenus.

Le *Touloucouna* (*Carapa touloucouna*, L. ou *Carapa guyanensis*, Guil.), de la famille des Méliacées, commence à prendre une importance considérable. Il abonde dans toute la partie méridionale du bassin de la Gambie et est également très commun à la Guyane, surtout dans le haut Maroni. En faisant bouillir ses graines dans l'eau, en les pilant, puis en les faisant égoutter dans un récipient creusé en gouttière et exposé au soleil, on obtient une huile onctueuse qui se solidifie très vite et a un goût amer. La graine de touloucouna est très riche en matières grasses et son rendement en huile atteint parfois, lorsque l'opération est faite en de bonnes conditions, 38 0/0. Cette huile est encore peu employée dans l'industrie, on l'utilise surtout en pharmacie contre les affections de la peau ; elle préserverait également, d'après les indigènes, des piqûres des insectes et particulièrement des atteintes de la chique. Outre le tannin que renferme l'écorce du touloucouna, Caventou y a trouvé un principe amer qui serait fébrifuge et qu'il a nommé *touloucounin*. Grâce à l'intelligente initiative de M. le comte de Chasteigner, de Bordeaux, qui, dans sa belle propriété de la Martinique, a créé un véritable jardin d'essai de cultures botaniques, ce précieux végétal ne tardera pas à être introduit dans notre vieille colonie.

Le *Berre* (*Parinarium senegalense* ou *excelsum*, Perr. Neou), Rosacées, dont les fruits sont appelés *nou* au Sénégal, donne une huile grasse assez bonne quand elle est récente, mais noircissant fort vite et d'une odeur absolument nauséabonde.

Le *Ben ailé* (*Moringa pterygosperma*, Gœrtn), de la famille des Moringées, est un beau végétal d'une dizaine de mètres de hauteur à longues grappes de fleurs blanches. Sa graine est amère et purgative. On en extrait une huile douce et inodore qui, peu de temps après sa fabrication, se sépare en deux parties : l'une, toujours fluide, qui est utilisée dans l'horlogerie et l'autre, épaisse, qui est facilement congelable. Cette huile rancit difficilement. L'huile de ben sert pour extraire le principe odorant de plusieurs fleurs à odeurs fugaces, telles que le jasmin et les tubéreuses. Voici ce que E. Raoul écrit dans son savant *Manuel des cultures tropicales* au sujet de la propagation de ce précieux végétal : « Par le semis, on obtient au bout de deux ans un arbre de 6 mètres de haut, mais nous engageons plutôt à planter de bouture ; il suffit pour cela de mettre en terre de grosses branches qui s'enracinent de suite. »

L'*Anacarde* (*Anacardium occidentale*, L.), Térébinthacées, produit un fruit renfermant également un suc oléagineux. Cette huile rancit à l'air et n'a encore été utilisé qu'en pharmacie.

Le *Cocotier* (*Cocos nucifera*, L.), Palmiers, ne croît dans le bassin de la Gambie que dans la zone maritime. Il affectionne particulièrement les terrains sablonneux. Son amande mûre est comestible et donne, par expression, la moitié de son poids d'une huile incolore très employée dans la savonnerie. Cette huile, lorsqu'elle est ancienne, a une odeur très forte et ne peut plus servir qu'à la stéarinerie. Elle est fluide au-dessus de 18°. Au-dessous de cette température, elle se solidifie et devient alors blanche et opaque. Les savons fabriqués avec elle moussent beaucoup, mais sont très cassants. Elle est formée par un mélange de divers glycérides dont l'acide gras *(ac. cocinique et ac. cocostéarique)* est peu connu et paraît être composé par de l'acide laurique additionné d'acides palmitique et myristique.

Ce végétal se développe rapidement et ne demande aucune culture. D'après certains auteurs, un cocotier adulte donnerait chaque année un rendement qui peut être évalué à 20 francs environ.

La *Luffa acutangula,* Roxb. donne des graines qui contiennent également une notable quantité d'huile.

Le *Niattout (Bdellium africanum, Balsamodendron africanum,* Arnott), Burséracées, donne une huile volatile peu utilisée que l'on extrait du bdellium.

IV. — Plantes médicinales.

Les végétaux de cette catégorie sont excessivement nombreux dans tout le bassin de la Gambie et la pharmacopée indigène est d'une richesse remarquable. Nous ne nous occuperons ici que des principales et passerons sous silence toutes celles si nombreuses auxquelles les noirs attribuent des vertus plus ou moins problématiques.

Le *Belancoumfo (Ceratanthera Beaumetzii,* Heckel) a été pour la première fois étudié par M. le professeur Heckel, de la Faculté des sciences de Marseille. Il appartient à la famille des Scitaminées, tribu des Mantisiéces. Ce végétal croît un peu partout dans ces régions. Il aime surtout les marigots à eau limpide et courante. C'est un purgatif et un tœnifuge énergique. Les indigènes du Soudan et de la Haute-Gambie s'en servent couramment; mais ils en utilisent principalement les propriétés purgatives. Nous l'avons trouvé en grande quantité dans le Tenda, le Gamon, le Dentilia et le Badon. Nous en avons également relevé quelques échantillons dans le Tiali, mais en petite quantité. Il est à la côte occidentale d'Afrique ce qu'est le kousso à la côte orientale. On trouve sur tous ses marchés ses rhizomes qui sont seuls employés, et il est connu de toutes les peuplades qui habitent nos colonies du Sénégal, du Soudan et des Rivières du Sud. Les Mandingues de la Gambie le nomment *Belancoumfo;* les Soussous, *Gogoféré* et *Gogué;* les Sosés, *Baticolon;* les Mandingos, métis portugais de la Casamance, *Cassiou;* les Ouolofs, *Garaboubiré;* les Malinkés du Soudan, *Dialili;* les Bambaras, *Baralili;* les Kroumans, *Paqué;* les Timnés, *Abololo;* les Akous, *Bachunkarico;* les Pahouins du Gabon, *Essoun;* les Peulhs, les Toucouleurs, les Sarracolés, *Dadigogo* (nom formé des deux mots *dadi,* racine, et *gogo,* nom proprement dit de la plante). Quoi qu'il en soit, au Soudan, au Sénégal et dans les Rivières du Sud, c'est surtout sous les noms de *Belancoumfo* et de *Dadigogo* que ce végétal est le plus connu.

Arrivée à complet développement, cette plante mesure environ 1 mètre à 1^{m}50 de haut. Elle a absolument l'aspect d'un roseau flexible, qui s'incline facilement dans le sens du courant du marigot où elle croît. Ses feuilles ont environ de 12 à 15 centimètres de long sur 3 à 5 de large. Elles sont d'un beau vert, légèrement velouté à la face supérieure. La face inférieure est plus pâle et la nervure médiane y est fortement accusée. Leur pétiole est très allongé et fortement engainant dans la moitié de sa longueur environ.

Ce végétal présente au point de vue floral un dimorphisme tout particulier. Les fleurs apparentes, d'après les renseignements qui nous ont été donnés, sont d'une belle couleur jaune orangé. M. le Dr Heckel, de la Faculté des sciences de Marseille, qui a étudié ce végétal dans tous ses détails, a reconnu que ces fleurs étaient stériles et que les fleurs clandestines, cleistogames, étaient seules fécondes.

Le fruit est ovoïde, légèrement allongé, long de 3 à 6 centi-

mètres, à l'état de maturité complète, et de couleur rougeâtre.
Il renferme plusieurs graines noirâtres, ovales, ressemblant, à
s'y méprendre, à celles de l'*Amomum melegueta*, Rosc., que
nous avons trouvé en quantité notable dans le Niocolo. Il
s'ouvre spontanément quand il est sec. La floraison a lieu en
septembre et les fruits sont mûrs en novembre et décembre.
La racine est un rhizome dont le diamètre est d'environ 1 centimètre à 1 centimètre et demi. Sa couleur est légèrement jaunâtre. Il acquiert de grandes dimensions, prolifère très rapidement, et le lit des marigots du Damentan en est littéralement
tapissé. A des distances qui varient de 2 à 5 centimètres, il
présente des bourrelets assez saillants, d'où émanent les rejets
de la plante. Ce rhizome se casse facilement et sa chair présente une belle couleur blanche. Cette chair est, de plus,
excessivement aqueuse. Toutes les parties du belancoumfo
exhalent une odeur poivrée très prononcée, qui rappelle beaucoup celle du gingembre. Le rhizome possède cette odeur à un
degré bien plus pénétrant que les feuilles ou les graines. Le
goût en est également poivré. On sait que les noirs aiment
beaucoup cette saveur. Aussi mangent-ils souvent un fragment
de belancoumfo pour « se donner la bonne bouche » *(sic)*.

C'est surtout dans les Rivières du Sud, à partir de la Casamance, que les noirs se servent du belancoumfo comme tænifuge. Suivant les régions, ils se l'administrent sous forme de
décoction, d'infusion ou de macération. Dans la Haute-Gambie,
le Bondou, le Soudan et le Sénégal, ce sont surtout ses propriétés purgatives qui sont appréciées. Je dirai même que je
n'y ai rencontré que fort peu d'indigènes qui connaissent ses
propriétés tænifuges. Voici comment on s'en sert dans ce cas :
On peut administrer le rhizome de belancoumfo soit à l'état
frais, soit sec. Frais, on le mange tel quel. Deux fragments de
10 à 15 centimètres de longueur suffisent pour provoquer une
abondante diarrhée. On le coupe encore en petits fragments,
de 3 centimètres environ de longueur, que l'on met à macérer
pendant vingt-quatre heures dans l'eau froide. On décante, et
on boit un verre et demi de cette liqueur après y avoir ajouté

un peu de sel. Si, au contraire, le rhizome est sec, on le pile, et la poudre ainsi obtenue est mise à infuser dans l'eau tiède pendant douze à quinze heures environ. Ceci fait, l'on décante et l'on boit à peu près un verre de la liqueur ainsi obtenue, après y avoir ajouté un peu de sel. Dans les deux cas, on obtient un effet purgatif violent. La dose de poudre à employer est de 60 à 80 grammes par litre d'eau.

M. le professeur Schlagdenhauffen, de Nancy, a isolé le principe actif de cette plante. C'est une huile essentielle, qui possède à un haut degré les propriétés tænifuges. Il résulte des expériences absolument concluantes faites par MM. Heckel et Dujardin-Beaumetz que vingt gouttes de cette huile, enfermées dans une capsule de gélatine et administrées au réveil, suffisent pour provoquer l'expulsion d'un tænia. Il est bon, afin de hâter l'évacuation, d'administrer deux heures après une dose d'huile de ricin. Le grand avantage de ce tænifuge est de ne provoquer ni nausées ni vertiges, et d'agir rapidement.

Le *Gingembre*, que les Ouolofs désignent sous le nom de *N'Hydiar*, appartient à la famille des Amomées. C'est le *Zingiber officinalis*, Rosc. Il croît surtout à Sierra-Leone et dans le Fouta-Djallon. Nous en avons trouvé quelques rares échantillons dans la région sud du Niocolo. On trouve son rhizome sur tous les marchés du Sénégal et du Soudan. Il est long, grêle, légèrement aplati et ramifié. Dépouillé de son écorce jaunâtre, il est alors aussi blanc à l'extérieur qu'à l'intérieur. Il est léger, tendre, et sa texture est un peu fibreuse. Sa saveur est brûlante et son odeur aromatique. Les indigènes en sont très friands. A Saint-Louis, on fabrique avec le rhizome du gingembre une boisson gazeuse ressemblant à de la limonade et qui est loin d'être déplaisante au goût. Les Ouolofs et les Peulhs, particulièrement, en font un grand usage pour assaisonner leur couscouss. Ils lui attribuent des vertus aphrodisiaques, et il n'est pas rare de voir des femmes ouoloves et peulhes porter autour des reins des ceintures de rhizomes de gingembre destinées à rendre la vigueur à leurs époux quand ils sont affaiblis par l'âge.

Baobab. — Dans presque toutes nos possessions sénégambiennes et soudaniennes, on trouve cet arbre fantastique, étrange, aux formes bizarres, véritable Titan végétal, auquel on a donné le nom curieux de *baobab,* comme si, rien qu'en le prononçant, on voulait attirer sur lui l'attention. C'est l'*Adansonia digitata,* L., de la famille des Malvoïdées. Il peut atteindre jusqu'à 12 mètres de diamètre. Ce végétal est aujourd'hui trop connu pour que nous en fassions ici une description botanique complète. Il est, du reste, bien facile à reconnaître. Quiconque l'a vu une fois n'oubliera jamais sa forme bizarre, ses dimensions gigantesques, l'aspect tout particulier de ce géant des solitudes africaines qui le fait ressembler à quelque animal légendaire et préhistorique. On dirait une pieuvre de taille démesurée, dont le corps serait représenté par la tige courte et énorme, et les tentacules par les rameaux tordus et noueux.

Les indigènes utilisent les fibres de son écorce pour fabriquer des cordes excessivement solides et résistantes, avec lesquelles ils confectionnent des hamacs qui ne manquent pas d'élégance. Le bois est peu utilisé. Difficile à travailler, on ne l'emploie qu'à défaut d'autre dans la construction des pirogues. Les jeunes feuilles entrent dans la composition de sauces avec lesquelles on assaisonne le couscouss. C'est surtout comme médicament qu'il est employé. Les feuilles, fraîchement cueillies et bouillies, servent à confectionner des cataplasmes excessivement émollients. Les bains de feuilles de *Lalo* (c'est le nom sous lequel le baobab est généralement connu) jouissent également à un haut degré de cette propriété. Elle est évidemment due à la grande quantité de mucilage qu'elles contiennent. Je me suis très bien trouvé, en maintes circonstances, de m'en être servi.

Le fruit est de beaucoup le plus employé, et c'est la pulpe qui entoure ses graines qui est principalement active. En temps de disette, les indigènes en font une grande consommation et il est pour eux une précieuse ressource. Les Européens le connaissent sous le nom de *Pain de singe.* Il est très commun dans tous les villages et on le trouve en abondance sur tous les marchés. Il est considéré par les habitants comme le médicament antidysentérique par excellence. Il est mélangé aux aliments mêmes. Ainsi le noir se nourrit souvent de farine de mil et de lait caillé. On désigne ce mélange sous le nom de *Sanglé*. Lorsqu'il est atteint par la dysenterie, il mélange le pain de singe à cette bouillie. La pulpe desséchée et réduite à l'état de farine s'expédiait autrefois en Europe sous le nom de *terre sigillée de Lemnos* ou *terra Lemnia*. D'après Heckel et Schlagdenhauffen, l'action de cette pulpe est due, dans la dysenterie, à l'abondance des corps gras qui, suspendus par les matières gommeuses, peuvent constituer un léger laxatif et un émollient. L'écorce pilée et les graines torréfiées sont aussi usitées contre cette affection, mais seulement dans les cas graves. Elles sont également préconisées contre les hémorragies, les fièvres intermittentes et la lientérie. Leur action est alors due vraisemblablement au tannin spécial qu'elles renferment. Tous les médecins qui se sont servis du baobab sont unanimes à en reconnaître les bons effets et ne lui ont trouvé aucun inconvénient.

Le *Téli (Erythrophlæum guineense*, Rich) est un végétal de haute stature. C'est une belle légumineuse Parkiée. Bien qu'il n'ait encore aucune application dans la thérapeutique, nous croyons devoir le placer dans cette catégorie à cause de ses propriétés particulières.

Le téli croît, de préférence, sur les bords des marigots, et j'en ai vu de beaux échantillons dans les environs de Nétéboulou (Ouli). Il est facile à reconnaître à la couleur sombre de son feuillage et à son fruit, qui est une gousse rougeâtre quand elle est sèche et plus large que ne le sont, en général, celles des autres légumineuses. Son écorce est profondément fendillée, et, si on l'enlève, sa partie intérieure présente une belle couleur rouge foncé. Chaque gousse contient environ huit à dix graines à deux faces bombées, ressemblant à s'y méprendre à celles de certains haricots. Ces graines, qui ont toujours à peu près le même poids, servent dans certaines régions, le Bouré, par exemple, pour peser l'or. Cinq de ces graines équivalent à peu près à un gros, environ 3ᵍʳ82.

Le téli ou tali (peulh, bambara, malinké) est la plante vénéneuse par excellence au Soudan français, au dire du moins des habitants. Il entrerait du téli dans la composition du *korté,* le fameux poison qui est si redouté des Bambaras du Bélédougou et des Malinkés du Bambouck et du Konkodougou, et qui est si connu dans le Baleya, l'Amana, le Dinguiray, et même à Siguiri. Mais quelle est la partie de la plante qui est utilisée? C'est ce que nous n'avons pas encore pu savoir. Toutefois, nous avons appris que, dans certaines de nos Rivières du Sud, le Rio-Nuñez, le Rio-Pongo particulièrement, et dans le pays de Loango, où le téli est appelé *boudu* ou *boudou,* les indigènes fabriquent avec sa racine, par infusion, une liqueur d'une extrême amertume et qui sert de poison d'épreuve. Quand elle est trop chargée, elle cause la suffocation, la rétention d'urine, etc., etc. : l'accusé tombe, et est déclaré coupable. A dose plus faible, elle n'amène pas d'accidents graves : alors l'accusé résiste, et est déclaré innocent.

On a dans tout le Soudan une peur épouvantable du korté. Ceux qui le fabriquent ou qui en connaissent la composition sont universellement redoutés, et, de ce fait, jouissent dans leur village d'une incontestable autorité et d'un pouvoir sans limites. Les indigènes qui sont sans cesse en contact avec nous et qui ont été élevés dans nos écoles, nos interprètes eux-mêmes, frémissent à la seule pensée des souffrances qu'occasionne ce terrible poison.

Le korté, d'après ce que m'en ont dit les Malinkés du Bambouck et du Konkodougou, ne s'administre pas seulement dans les boissons et les aliments. Dans toutes les circonstances de la vie, on peut être exposé à en absorber. Il existe même une certaine catégorie d'individus qui excellent à le « lancer ».

Voici, à ce sujet, ce que dit le lieutenant-colonel Monteil dans la relation de son voyage *De Saint-Louis à Tripoli par le lac Tchad :* « Les sorciers détiennent, en outre, les secrets de la fabrication des poisons que les Bambaras appellent korté;

c'est là surtout la vraie cause de leur omnipotence. Il est hors
de conteste que certains de ces poisons sont d'une efficacité
extraordinaire et amènent la mort en quelques heures. Les uns
servent à empoisonner les flèches, d'autres se mélangent aux
aliments. Ces deux catégories semblent avoir pour base, d'après
le Dr Crozat (¹), qui les a spécialement étudiées, une graine de
strophantus, qui est un poison du cœur. Il est une autre sorte
de korté, dont j'ai souvent entendu parler; il se présente sous
la forme d'une poudre très fine. L'individu qui veut se débarrasser d'un ennemi en place une très petite parcelle sous
l'ongle de l'annulaire et la lance avec l'ongle du pouce sur un
membre quelconque, jambe, bras, cou, laissé à nu par les
vêtements. L'effet n'en est pas immédiat. Peu à peu, s'éveillent
des démangeaisons qui amènent la victime à se gratter. Par
les points ainsi avivés, le poison s'insinue dans l'économie;
puis les démangeaisons deviennent de plus en plus vives, jusqu'à ce que, l'empoisonnement étant complet (cela au bout de
plusieurs mois), la victime succombe. Il ne m'a pas été donné
de vérifier d'empoisonnement de cette espèce; mais nombre de
fois j'ai entendu parler de gens qui avaient fini de cette ma-
nière. Bien des chefs que je n'ai pu voir avaient de moi la
crainte avouée que je pouvais leur lancer un korté perfec-
tionné. »

Plus heureux, nous avons eu la bonne fortune de pouvoir
examiner un malade empoisonné avec du korté par le procédé
que vient de décrire le lieutenant-colonel Monteil. J'avouerai
que ce que j'ai pu constater a été loin de dissiper les doutes
que j'ai toujours eus sur l'action à terme de ce mystérieux
toxique. En 1889, lors de la mission que nous fîmes dans le

(¹) Nous avons le regret de ne pas partager, à ce sujet, l'opinion du
vaillant explorateur et d'être d'un avis contraire à celui de notre regretté
collègue et ami le Dr Crozat. L'expression *korté,* du moins dans le Bambouck et le Konkodougou, ne signifie pas *poison* en général. Elle sert
pour désigner un poison tout spécial, qui a pour base le *téli* (*Erythro-
phlœum guineense,* Rich). Le poison dans la composition duquel entre le
strophantus porte en bambara le nom de *kouna* et en malinké celui de
kouno.

Bambcuck et le Konkodougou, M. le commandant Quiquandon, M. le lieutenant Valton et moi, nous séjournâmes pendant plusieurs jours à Kassama, capitale du Diébédougou, et j'eus ainsi la facilité de voir fréquemment le roi de ce pays, Famalé. C'était un vieillard d'environ soixante-cinq à soixante-dix ans, sourd et impotent. Il passait ses journées dans son fauteuil et était incapable de marcher. Ses frères et ses fils, me sachant médecin, me demandèrent de le soigner. Ce que je me gardai bien de faire, certain d'avance que j'étais de l'insuccès du traitement, quel qu'il fût, auquel j'aurais pu le soumettre. Mais je pus l'examiner à loisir, et je le fis avec d'autant plus de soin et d'intérêt que ses proches m'avaient dit et assuré qu'il était dans cet état depuis qu'un sorcier lui avait « lancé le korté », et cela, depuis plusieurs années déjà. Le résultat de mes observations fut que j'étais tout simplement en présence d'un cas bien caractérisé d' « hémiplégie gauche » consécutive à une hémorragie cérébrale. Ce diagnostic, absolument certain et facile, du reste, à établir, me confirma dans l'opinion que j'avais depuis longtemps déjà, à savoir que les habitants de ces régions où le korté règne en maître lui attribuaient fréquemment des effets qu'il est loin d'avoir. C'est, en somme, pour eux, une explication facile des maladies dont ils sont incapables de trouver les causes.

Les sentiments de crainte et de frayeur que leur cause ce terrible poison sont surabondamment expliqués par ce qui précède. Je me souviens qu'en cette même année 1889, nous trouvant à Tombé (Konkodougou), nous reçûmes la visite des chefs et des notables du village de Komboréah, dont les habitants passent pour être très experts dans la fabrication du korté, et sont renommés pour leur adresse à le lancer. Notre interprète fut tellement épouvanté à leur vue qu'il ne consentit à les introduire auprès de nous qu'après leur avoir fait jurer sur le kola (serment terrible pour les Malinkés et auquel ils ne manquent jamais) qu'ils ne nous lanceraient pas de korté.

D'après les indigènes du Soudan, toutes les parties de la plante seraient excessivement vénéneuses. Il serait même dangereux de faire boire les animaux dans les marigots sur les bords desquels croissent des télis. Fait singulier : cette eau, qui est toxique pour le cheval, paraît-il, ne le serait pas pour l'homme. Je ne sais ce qu'il peut y avoir de vrai pour le premier, mais ce que nous pouvons assurer, c'est qu'il nous est arrivé souvent de faire usage d'eau puisée au pied d'un téli et que nous n'en avons jamais été incommodé. Il en a été toujours de même pour nos hommes. Quoi qu'il en soit, l'écorce de la plante en est assurément la partie la plus active. L'écorce fraîche l'est plus que l'écorce sèche, et celle des jeunes sujets plus que celle des vieux arbres. Après l'écorce, la racine ; puis les fleurs et les graines. Les feuilles n'auraient que de faibles propriétés nocives, mais, cependant, encore assez fortes pour occasionner la mort à une faible dose.

Les animaux qui absorbent du téli à doses toxiques éprouveraient les premiers accidents deux heures environ après l'ingestion. Leur ventre deviendrait très volumineux. Ils présenteraient une écume abondante à la bouche, des convulsions qui dureraient une demi-heure environ, et la mort surviendrait deux heures et demie ou trois heures après l'ingestion du poison.

Les noirs du Soudan utilisent les feuilles du téli contre le ver de Guinée, et voici comment : lorsque l'abcès qu'occasionne le ver s'est ouvert spontanément ou bien à la suite d'une manœuvre opératoire, et que le parasite commence à sortir, ils enveloppent la partie malade avec des feuilles de téli. Deux ou trois suffisent pour la couvrir complètement. Un pansement fait avec des feuilles d'un autre végétal quelconque inoffensif et maintenu toujours humide est appliqué par-dessus. Le tout est fixé à l'aide de lacs. Ils prétendent que le ver est alors empoisonné et qu'il sort plus facilement.

Le téli ne sert en aucune autre circonstance. Il inspire aux indigènes une telle frayeur qu'ils ne l'utilisent ni dans la construction de leurs cases ni même pour faire cuire leurs aliments.

Kinkélibah. — Ce végétal, encore peu connu, est, à notre

avis, un des plus précieux de tous ceux que l'on peut rencontrer au Sénégal et au Soudan, et nous avons été à même d'en constater, par expérience, la bienfaisante action. Il appartient à la famille des Combrétacées. C'est le *Combretum Raimbaultii*, Heckel. Nous l'avons rencontré un peu partout en Gambie, mais c'est surtout sur les hauts plateaux du Sandougou qu'il est le plus commun. Très abondant dans les Rivières du Sud, on le trouve encore dans le Cayor, où les Ouoloffs lui donnent le nom de *sekhaou* et *khassaou*. Avec ses rameaux, ils construisent des greniers dans lesquels ils conservent leur mil et leurs haricots. Ces greniers sont appelés *lakhass*, nom que, dans certaines régions, on donne encore parfois au kinkélibah, qui est son nom en langue soussou. Il croît dans les terrains pierreux et sablonneux. On ne le trouve jamais au bord de la mer. Il fleurit de mai à juin. Voici la description que donne de ce végétal le professeur Heckel, de Marseille : « Cet arbuste, plus ou moins touffu, suivant l'âge, et dont la tige peut atteindre un décimètre de diamètre, devient alors tout blanc et tranche beaucoup sur les arbres et arbustes qui l'environnent ; aussi, est-ce à cette époque qu'il est le plus facile de le reconnaître. Son fruit caractéristique se dessèche en même temps que les feuilles et tombe avec elles pendant la saison sèche. Son ombrage agréable est très recherché. Il donne souvent abri pendant la nuit aux caravanes de l'intérieur. Ce végétal est muni d'une racine pivotante, dont les ramifications se terminent par des nœuds à radicelles, d'où naissent de nouveaux rejets. Une des tiges s'élève au-dessus des autres pour former un arbrisseau (jamais un arbre) avec branches étendues dans tous les sens, mais plutôt horizontales que verticales. La tige du kinkélibah est lisse et blanchâtre ; elle porte des rameaux opposés. Son bois est blanc, dur et serré. »

Les feuilles fraîches ou sèches sont utilisées. Les indigènes des Rivières du Sud les emploient avec succès dans les cas de fièvres bilieuses simples ou inflammatoires, de rémittentes bilieuses et de bilieuses hématuriques. C'est au R. P. Raimbault, missionnaire apostolique à la côte occidentale d'Afrique,

que l'on doit d'avoir attiré l'attention du monde scientifique sur
ce précieux végétal, et ce sont les savants professeurs Heckel
et Schlagdenhauffen qui l'ont, les premiers, étudié et analysé.
Voici comment, d'après le P. Raimbault, qui l'a fréquemment
employé, et toujours avec succès, on doit le prescrire :

« Le kinkélibah est administré sous forme de tisane. Ses
feuilles sont employées en décoction. On les fait bouillir pendant un quart d'heure environ, soit fraîches, soit desséchées.
Sous ce dernier état, les feuilles pilées peuvent se conserver
pendant plusieurs années avec les mêmes propriétés.

» Pour se servir de la poudre de kinkélibah, on met dans
une bouilloire autant de cuillerées à café de cette poudre qu'il
y a de verres d'eau (4 grammes pour 250 grammes d'eau ;
16 grammes pour un litre). On couvre bien, et on laisse bouillir
quinze minutes ; on décante, on filtre, ou bien on boit le
liquide tel quel, au choix du malade.

» La tisane doit être amère et jaunâtre. Si elle prenait une
couleur brune, c'est qu'elle serait trop forte, et il faudrait
ajouter de l'eau ; si elle devient jaune clair, c'est qu'elle est
trop faible, alors il faut faire bouillir plus longtemps et ajouter
au besoin de la poudre.

» On prend un verre (250 grammes) de kinkélibah dans les
cas de fièvre bilieuse hématurique, le plus tôt possible ; puis,
après dix minutes de repos, un demi-verre (125 grammes) ;
ensuite, repos de dix minutes, et enfin un autre demi-verre.
Les vomissements se produisent alors, mais ils ne tardent pas
à s'arrêter et à cesser pour toujours. On doit, du reste, faire
boire du kinkélibah à la soif du malade durant tout le cours de
la maladie, et pendant quatre jours au moins, en ne dépassant
guère toutefois un litre et demi par jour.

» Aucune nourriture ne doit être prise pendant toute la
durée de la teinte ictérique, c'est-à-dire pendant les trois premiers jours. Le quatrième jour, nourriture très légère et peu
à la fois. Le mieux même, le quatrième jour, est de ne prendre
que du kinkélibah comme boisson. Le R. P. Raimbault nourrit
ses malades avec des œufs crus battus dans du rhum et du

cognac. Il donne avec succès un purgatif dès le commencement de l'accès ; c'est nécessaire, en tout cas, quand la constipation intervient.

» Le quatrième jour, au matin, en même temps que le kinkélibah, il donne 0gr80 de sulfate de quinine ; il continue ce fébrifuge autant que dure la fièvre, en diminuant chaque jour la dose, tout en continuant le kinkélibah.

» Il conseille de prendre un verre de kinkélibah chaque fois qu'il y a embarras gastrique de nature biliaire et considère comme un moyen sûr d'acclimatement pour l'Européen de prendre chaque matin à jeun un verre de cette décoction. » (*De l'emploi des feuilles du* Combretum Raimbaultii, Heckel, *contre la fièvre bilieuse hématurique des pays chauds*, par le Dr Édouard Heckel, professeur à la Faculté des sciences et à l'École de médecine de Marseille. — Extrait du *Répertoire de pharmacie*, juin 1891.)

Nous avons expérimenté deux fois sur nous-même, à Nétéboulou, alors que j'étais atteint de rémittente bilieuse, et à Oualia, contre un violent accès bilieux. Je m'en suis également servi à Mac-Carthy pour soigner plusieurs de mes hommes, qui y furent atteints de fièvres intermittentes compliquées d'embarras gastriques prononcés. Je m'en suis toujours très bien trouvé et n'ai eu à enregistrer que des succès. Je me suis toujours attaché à suivre à la lettre les indications formulées par le R. P. Raimbault, et j'ai toujours vu le médicament agir comme il vient d'être dit. D'après ce que nous avons observé, nous croyons donc que les feuilles de kinkélibah jouissent de précieuses propriétés. Il est, à n'en pas douter, tonique, diurétique, et légèrement cholagogue. Il est, de plus, émétique au début, et, par l'emploi répété, empêche le retour des vomissements. D'après Heckel, ses propriétés toniques et diurétiques seraient justifiées par la présence du tannin et du nitrate de potasse. Quant aux autres actions, la composition chimique n'en donne aucune explication plausible. Au moment où nous rédigeons ce paragraphe de notre mémoire, nous recevons de notre excellent ami le capitaine Roux, de l'infanterie de ma-

rine, une lettre dans laquelle il nous dit qu'il vient de s'entre-
tenir avec un de nos collègues revenu récemment du Dahomey.
Il a eu, dans cette colonie, à soigner de nombreux cas de
fièvres bilieuses hématuriques. Il a employé le kinkélibah chez
vingt de ses malades, et a obtenu *dix-huit* cures. Ce succès
remarquable vient pleinement confirmer ce que nous disions
plus haut.

Le *Caïlcédrat* (*Khaya senegalensis*, G. et Per.), de la
famille des Cédrélacées, est désigné, au Soudan, sous le nom
de *diala*. C'est un bel arbre qui peut atteindre de remarquables proportions. Son écorce jouit de propriétés fébrifuges.
Caventou en a isolé le principe actif, qu'il a nommé *caïl-
cédrin*. Les indigènes utilisent encore son écorce dans le
traitement de la blennorragie et de la dysenterie. Réduite en
poudre impalpable, ils s'en servent encore pour panser les
ulcères et les plaies de mauvaise nature. Binger l'a utilisée
avec succès dans un cas de cette nature, et nous-même, nous
avons pu, à Koundou, constater les bons résultats qu'elle a
donnés dans un cas de plaie ulcérée datant de plusieurs mois
déjà. Nous ne saurions trop recommander ce remède à ceux qui
se trouveraient dans le cas de l'expérimenter et d'en déterminer
les propriétés curatives.

Le bois du caïlcédrat est rougé foncé et rappelle celui de
l'acajou par sa couleur et sa texture. C'est pourquoi ce végétal
a été souvent appelé l'*acajou du Sénégal*. Il est dur et très
cassant, même lorsqu'il est vert. Malgré cela, on en fait à
Saint-Louis et au Soudan de beaux meubles, et, en France, il
pourrait servir pour les travaux d'ébénisterie les plus délicats.

Le *Tamarinier* (*Tamarindus indica*, L.), de la famille des
Légumineuses césalpiniées, est un bel arbre dont le fruit est
fort employé dans la thérapeutique indigène et qui rend également aux Européens de grands services. Très commun dans
tout le bassin de la Gambie, il est facile à reconnaître, car il
présente à un haut degré les caractères propres à la grande
famille botanique à laquelle il appartient.

Son bois est dur, dense, solide, liant et bon pour le charronnage. On s'en sert beaucoup à Kayes pour faire des couples d'embarcations.

La pulpe du fruit du tamarinier est utilisée par les indigènes et les Européens dans la thérapeutique indigène. Elle a une saveur légèrement astringente et acidule. D'après Vauquelin, elle renfermerait des acides tartrique, citrique, malique, du bitartrate de potasse, du sucre, de la gomme, de la pectine. C'est un des meilleurs laxatifs et des plus inoffensifs. On trouve le tamarin sur la plupart des marchés du Sénégal et du Soudan sous forme de boules de la grosseur du poing environ. Ces boules sont de couleur rougeâtre quand elles sont fraîches, et brunes, presque noires, quand elles ont été récoltées depuis quelque temps. Elles sont formées par les graines et la pulpe, qui, réduite en pâte, les agglutine solidement. On y trouve encore des fragments d'écorce, des morceaux de la coque du fruit et surtout, en grande quantité, les fibres rouges qui, dans le fruit mûr, tapissent la face interne de la gousse.

La façon dont les noirs préparent le tamarin pour l'administrer est de beaucoup la meilleure. Elle a surtout pour résultat de donner une boisson d'un goût des plus agréables. Dans un litre et demi d'eau environ, on met à peu près à macérer à froid 50 à 60 grammes de pulpe, telle qu'on la trouve au marché, avec ses graines, ses fragments d'écorce et ses fibres rouges. En trois heures au plus, la pulpe a été complètement dissoute. On n'a plus qu'à décanter, et on obtient ainsi une liqueur d'un blanc roussâtre, à odeur et saveur acides, et légèrement astringente. Si on y ajoute un peu de sucre, on peut en faire une excellente limonade, qui nous a été souvent précieuse pendant les longues étapes. Trois ou quatre verres par jour de cette boisson suffisent pour maintenir la liberté du ventre, si précieuse sous ces climats malsains.

L'usage prolongé et en abondance du tamarin finit par fatiguer l'estomac et détermine des gastrites et des dyspepsies qui disparaissent dès qu'on cesse d'en consommer. On peut également manger la pulpe sans la faire dissoudre, en en débarrassant simplement les graines avec les dents; mais on ne saurait trop s'en abstenir, malgré tout le plaisir que procure, pendant les grandes chaleurs, sa saveur acide, car elle détermine en peu de temps une gingivite souvent très rebelle et très douloureuse.

Sur les marchés du Soudan, la valeur du tamarin est d'environ 0 fr. 30 la boule de 250 grammes. Il est plus cher à Saint-Louis, Rufisque, Dakar et Gorée, où une boule de 150 grammes se vend couramment 0 fr. 50.

Dion-Mousso-Dion-Soulo. — Les indigènes du bassin de la Gambie emploient contre la blennorragie la racine d'une plante qu'ils désignent sous le nom de « dion-mousso-dion-soulo », ce qui signifie, en malinké du sud, *Herbe de la femme captive.* Elle est ainsi nommée parce que, dans les pays mandingues, la captive est, en général, la seule qui se livre ouvertement à la prostitution. Cette plante se trouverait, d'après les indigènes, en grande quantité particulièrement dans le sud de nos possessions soudaniennes. Il m'a été impossible de la déterminer, car, malgré tout ce que j'ai pu faire, je n'ai jamais eu un échantillon entier à ma disposition, mes confrères indigènes conservant avec un soin jaloux leurs secrets thérapeutiques. Cette racine, charnue, ayant à peu près la consistance du manioc, est rougeâtre à l'extérieur. Si on la casse, on la trouve blanche à l'intérieur et très aqueuse. Elle n'a pas de goût particulier, mais son odeur est légèrement vireuse. Voici comment cette racine est employée : On en sectionne environ 100 grammes par petits fragments, quand elle est fraîche, et on les fait bouillir dans un litre et demi d'eau environ. Quand le liquide est devenu d'un blanc laiteux, on le laisse refroidir, et on boit après l'avoir légèrement salé au préalable. La dose est d'environ deux à trois litres par vingt-quatre heures. Si, au contraire, on se sert de la racine sèche, on la pile et on prend pour une dose environ 60 à 80 grammes de la poudre ainsi obtenue. Elle est enveloppée dans un morceau d'étoffe et mise à bouillir dans deux litres environ d'eau. Quand la liqueur, comme plus haut, est devenue d'un blanc laiteux, on la sale légèrement, et on la laisse refroidir. La dose est la même que précédemment.

Je crois que c'est un excellent diurétique, qui agit en même temps sur l'élément douleur, et cela d'une façon absolument efficace. J'en ai eu une preuve évidente à Nétéboulou, où un de mes hommes, atteint d'une violente et douloureuse blennorragie, se traita avec du dion-mousso-dion-soulo.

Barambara. — Le barambara est un petit arbuste qui croît de préférence sur les plateaux rocheux, dans les terrains pauvres et dans l'interstice des roches. Il nous a semblé être un *Combretum*, mais nous ne saurions dire lequel. Ses feuilles sont peltées, de petites dimensions. Leur face supérieure est d'un vert pâle, et leur face inférieure, blanchâtre, est couverte de poils qui donnent au toucher la sensation du velours. Cette couleur caractéristique du feuillage permet de reconnaître la plante de loin. Son port est celui d'un petit arbuste de 1m60 au plus. Si on écrase les feuilles dans la main, elles dégagent une odeur vireuse très prononcée. Les fleurs sont jaunâtres, toujours peu nombreuses, et les fruits ont l'apparence d'une drupe très coriace. La tige est cylindrique, généralement courte, et les rameaux sont polyédriques, à côtes très prononcées. Leur écorce est vert pâle, tandis que celle des rameaux principaux et de la tige est plutôt blanchâtre. Cet arbuste est très commun dans tout le Soudan. Ses rameaux servent partout aux indigènes pour se nettoyer les dents. Voici comment : on coupe un fragment d'environ 0m15 de longueur (son diamètre ne doit pas avoir plus d'un centimètre au grand maximum); on mâche une des extrémités, de façon à en faire une véritable brosse, avec laquelle on se frotte ensuite les dents. Ce procédé est excellent. Je crois que c'est à son fréquent usage que les noirs doivent de conserver si longtemps à leurs dents leur éclatante blancheur. De plus, le tannin qui s'y trouve en grande quantité contribue beaucoup à donner aux gencives une remarquable tonicité. Sur tous les marchés, on trouve ces petites tiges de bois. Elles se vendent couramment 5 centimes les cinq. Les Ouoloffs leur donnent le nom de *sottio*.

Les Malinkés de la Haute-Gambie vantent les propriétés fébrifuges de ses racines. Ils les emploient, fraîches ou sèches, en décoction et en macération. Dans le premier cas, si on se sert de racines fraîches, on en prend environ 200 grammes de petits fragments munis de leur écorce. On fait macérer pendant vingt-quatre heures dans environ un litre d'eau. D'autre part, on fabrique avec la même quantité, que l'on fait bouillir dans deux litres et demi d'eau, une légère tisane. La macération est administrée au début de l'accès de fièvre, et la tisane entre les accès. Cette macération donnerait, paraît-il, de bons résultats. Nous n'avons jamais été à même de les constater.

Si, au contraire, on emploie la racine sèche, on la réduit en petits fragments que l'on pile de façon à en faire une poudre assez grossière. On prend environ 100 grammes de cette poudre, que l'on met à macérer pendant vingt-quatre heures environ dans 750 grammes d'eau. Pour la tisane, on met à bouillir dans deux litres d'eau à peu près 150 grammes de cette poudre, que l'on a, au préalable, enveloppée dans un petit morceau d'étoffe. L'administration se fait comme ci-dessus. La racine fraîche serait, paraît-il, plus active que la racine sèche.

Thé de Gambie. — Le thé de Gambie se trouve particulièrement au Niocolo, dans le Tenda et le Kantora. Il est formé par les feuilles d'une verbénacée du genre *Verbena*. Ses feuilles sont velues à leur face inférieure, luisantes à la face supérieure. Elles sont oblongues et, au froissement, dégagent une odeur qui n'est pas désagréable. La récolte faite, on les laisse sécher, et on s'en sert sous cette forme pour faire des infusions que les indigènes s'administrent contre les coliques et les migraines. Le goût rappelle de loin celui du thé de Chine; mais ce qui domine surtout, c'est une saveur amère qui est loin d'être agréable. Ces infusions sont, du reste, fort peu goûtées des Européens.

Strophantus. — Le strophantus (Apocynées) est relativement commun au Soudan. Il en existe, à ma connaissance, trois variétés dans le bassin de la Gambie : le *Strophantus hispidus*, D. C. et H., le *Strophantus gratus*, Franchet, et une troisième variété qui diffère sensiblement de ces deux dernières par les feuilles et le fruit surtout. Cette dernière n'est pas encore déterminée, mais elle se rencontre assez fréquemment surtout au Sénégal et dans les Rivières du Sud. Le strophantus croît de préférence sur les bords des marigots. On le trouve en notable quantité dans les environs de Thiès, à environ deux kilomètres de la ligne du chemin de fer de Dakar à Saint-Louis, dans cette partie du pays sérère que l'on désigne sous le nom de *Ravin des Voleurs*. Assez commun également aux environs de Mérinaghen et sur les bords du lac de Guier, il est très rare dans le Fouta, le Ferlo et le Bondou. Nous n'en avons également trouvé que de rares échantillons dans la Haute-Gambie, le Bambouck et le Bélédougou. Mais où il croît vigoureusement, c'est dans le Manding, le long des rives du Tankisso et dans tous les pays compris dans la boucle du Niger. Il croît généralement en bouquets épais. Les individus isolés sont rares. C'est une belle apocynée vivace, dont la feuille est simple et entière. Elle est d'un vert sombre, et ses deux faces, surtout l'inférieure, sont légèrement velues. La tige, peu volumineuse, a une couleur grisâtre quand la plante est arrivée à complet développement, verte quand elle est jeune. La grosseur est à peu près celle du pouce, et elle est légèrement rugueuse. Elle porte des dards peu résistants. Ce caractère n'est pas absolument constant, et j'ai vu des individus où il faisait absolument défaut. Le fruit, tout spécial et qui ne permet pas de se tromper, est un follicule sec, long d'environ 20 à 30 centimètres. Il s'ouvre spontanément à maturité complète et laisse échapper une soie blanche très fine, qui brûle sans laisser de résidu. C'est dans cette soie que sont noyées les graines. Ces graines, qui ont à peu près la grosseur du café, sont plus comprimées et sont munies d'une aigrette plumeuse. Graines et aigrette renferment les principes actifs de la plante.

Les Bambaras de la boucle du Niger se servent du strophantus pour empoisonner leurs flèches, ainsi que les Pahouins du Gabon. Le poison qu'ils confectionnent ainsi porte le nom de *Kouna* en bambara. Les Malinkés disent *Kouno*. Ces derniers n'en font généralement pas usage. Voici comment, d'après Binger, se fait cette préparation : « Après la cueillette, qui a lieu en décembre et en janvier, les cosses sont ficelées par petites bottes et suspendues aux solives des cases, afin d'être séchées. Pour préparer le poison, on pile les graines quand elles sont bien sèches, et on les laisse macérer pendant plusieurs jours; le tout est ensuite cuit avec du mil et du maïs, jusqu'à ce que la préparation ait la consistance d'une pâte ressemblant au goudron. C'est dans cette pâte que l'on trempe ensuite les pointes des flèches, des lances, et même les balles.

» Quand la préparation est fraîche, les blessures occasionnées par des armes enduites de kouno sont toutes mortelles; mais quand il y a longtemps que celle-ci n'a pas été renouvelée, on peut en guérir en prenant une boisson qui sert d'antidote. La formule de ce contre-poison n'est connue que de peu d'individus. Ils se font payer cher les doses qu'ils administrent aux blessés. Quelques forgerons et kéniélala (diseurs de bonne aventure) seuls en possèdent le secret; il ne m'a pas été possible d'obtenir la moindre information à ce sujet. »

Comme Binger, je n'ai pas pu arriver à connaître la composition de ce précieux antidote. Je ne serais cependant pas éloigné de croire qu'il y entrerait dans une notable proportion de la fève de Calabar, et voici ce qui me le ferait supposer : Un jour, non loin de Mouralia, dans le Diébédougou, pendant une halte que nous fîmes sur les bords d'un marigot, je m'amusais à regarder les graines d'un superbe *Physostigma venenosum*, qui croissait tout près. Je demandai alors à un de mes hommes, Bambara du pays de Ségou, à quoi cela servait; il me répondit seulement : *Y a bon pour kouno, quand y a boire ça, y a toujours gagné guéri.* Je ne pus lui en faire dire davantage. La fève de Calabar entre-t-elle réellement dans la composition de l'antidote du kouno, et sous quelle forme? Nous ne saurions le dire.

Quoi qu'il en soit, ce poison agit sur le cœur d'une façon analogue à la digitaline. Il en paralyse les mouvements, et on meurt par arrêt du cœur. Lors même que l'on n'en meurt pas, son effet se fait sentir longtemps encore après que l'on a été blessé.

Un de mes meilleurs amis, le capitaine Sansarric, de l'infanterie de marine, dont la mort glorieuse aux côtés du colonel Bonnier, à l'affaire de Goundam, est connue de tous, reçut, à l'assaut de Dienna, je ne me rappelle plus à quel doigt, une légère blessure faite avec une flèche empoisonnée à l'aide de kouna. Il me raconta, à ce sujet, ce qu'il avait ressenti dans la suite. Aussitôt après la blessure, il n'éprouva, pour ainsi dire, pas de douleurs; mais, dès le lendemain, il fut sujet à de fréquentes syncopes. En peu de jours, il s'affaiblit sensiblement. Il lui semblait parfois que, pendant quelques secondes, son cœur cessait de battre, et il éprouvait une sorte d'angoisse. Ces symptômes durèrent pendant près d'un mois, et ce ne fut qu'au bout de quarante-cinq jours qu'il fut complètement remis et qu'il eut recouvré toutes ses forces.

Je venais de terminer ce chapitre, lorsque j'eus la bonne fortune de recevoir la visite de mon excellent collègue M. le Dr Collomb, médecin de première classe des colonies, qui, pendant plusieurs campagnes, a occupé au Soudan français, avec autant de distinction que de zèle et de dévouement, le poste important de chef du service de santé. Je lui montrai mon livre : *Dans la Haute-Gambie*. En l'ouvrant, il tomba par hasard sur la page que j'y ai consacrée au *kouna*, et, à ce propos, me demanda si j'avais entendu parler du succès qu'il avait obtenu dans le traitement de l'empoisonnement par cette substance à l'aide de l'*aconit*. A ma réponse négative, il voulut bien me communiquer l'observation suivante, qui est absolument caractéristique. Je lui cède la parole :

« En 1891, lors de ce même assaut de Dienna où notre pauvre ami Sansarric fut blessé, trois de nos hommes furent également atteints par des flèches bambaras empoisonnées au kouna, dans un village distant de quelques kilomètres du camp et où ils étaient allés piller en cachette. Tous les trois furent blessés, soit à la région lombaire, soit à la région fessière. Les flèches avaient pénétré au plus de trois ou quatre centimètres, et pas assez profondément pour occasionner des désordres mortels. Deux des blessés succombèrent avant d'avoir pu regagner le camp, l'un à mi-route, et l'autre à la porte même du tata du village où nous nous étions installés. Quant au troisième, il eut la force d'arriver jusqu'à la tente de son officier et de lui dire qu'il venait d'être blessé par une flèche empoisonnée; puis il perdit connaissance. Celui-ci, sans tarder, me fit prévenir, et je me rendis immédiatement auprès du malade.

» Je constatai à la fesse droite une petite plaie pénétrante d'environ trois ou quatre centimètres au plus de profondeur, sur un centimètre de diamètre. Pas d'écoulement sanguin. Pas de tuméfaction, ni de rougeur, ni de chaleur. En résumé, état local aussi satisfaisant que possible.

» Il était loin, par contre, d'en être de même pour l'état général. Avant d'entrer dans de plus amples détails, je ferai remarquer tout d'abord que j'examinai le malade peu de temps après qu'il eut reçu sa blessure, deux heures au plus. Je constatai : perte absolue de connaissance, paralysie et anesthésie complète des membres et de tout le corps. Le malade ne manifeste aucune douleur, même lorsqu'on explore sa blessure. Facies cadavérique; pupille à peine sensible à la lumière. Insensibilité cutanée excessivement prononcée. Battements du cœur très rares, très espacés, très faibles. C'est à peine si, en appliquant la main sur la région cardiaque, on arrive à percevoir, à de longs intervalles, un léger frémissement. Respiration presque nulle. Mouvements thoraciques très espacés et peu étendus. La mort est fatale et imminente.

» J'avais déjà essayé, pour combattre ce terrible poison, de tous les moyens thérapeutiques mis à ma disposition, et cela sans pouvoir obtenir de résultats appréciables. Littéralement à bout d'expédients, j'avais, en d'autres circonstances, déjà administré l'aconit sous forme d'alcoolature, par la bouche, aussitôt après la blessure, et à la dose de XXX gouttes, dans une potion *ad hoc*, et j'avais observé que la vie du malade se trouvait prolongée, mais sans avoir cependant jamais obtenu de succès. Dans le cas présent, la mort étant certaine et pouvant survenir d'un moment à l'autre, il fallait intervenir rapidement et vigoureusement. Ce fut alors que je songeai à employer la méthode hypodermique. A l'aide d'une seringue de Pravaz, je pratiquai donc aussitôt au flanc du blessé une première injection de XX gouttes d'alcoolature d'aconit. Quelques minutes après, le malade s'agita, et je constatai des battements désordonnés du cœur. En même temps, je faisais méthodiquement pratiquer la respiration artificielle. Encouragé par ce demi-succès, et sentant, au bout d'un quart d'heure environ, le cœur s'arrêter de nouveau et ses battements diminuer de nombre et de force, je pratiquai une seconde injection de XX gouttes d'alcoolature d'aconit. Cette fois, l'amélioration s'accentua; le malade reprit connaissance vingt minutes environ après. Mais, pendant près d'une heure, le cœur battit de la façon la plus désordonnée, et notre ressuscité entra dans un violent délire. Quarante-huit heures après, tout rentra dans l'ordre, et le malade put suivre la colonne dans sa marche; mais il était sujet à de fréquentes syncopes, qui finirent par disparaître grâce à l'administration journalière d'une potion à XXX gouttes d'alcoolature d'aconit. J'ai consigné tous ces faits dans mon rapport médical de fin de campagne. Maintenant, comment agit l'aconit? C'est ce que je ne saurais dire. Il y a là, à n'en pas douter, un véritable succès à enregistrer. Depuis, j'ai entendu dire que, par le même procédé, notre collègue le Dr Emily, médecin de deuxième classe, avait, dans des cas analogues, constaté les mêmes phénomènes et obtenu les mêmes résultats. Comme on peut ne pas avoir toujours sous la main de l'alcoolature d'aconit, on peut indifféremment se servir d'une solution d'*aconitine* titrée à un milligramme par gramme, et en injecter, selon les circonstances, une, deux ou trois seringues de Pravaz. Toutefois, on ne saurait se servir de ce dernier médicament qu'avec la plus extrême prudence. »

Fève de Calabar. — La fève de Calabar est la graine du *Physostigma venenosum*, Balf., de la famille des Légumineuses papilionacées. C'est une plante vivace, ligneuse, grimpante, atteignant jusqu'à 12 mètres de long. Elle croît de préférence sur les bords des marigots. Relativement rare au Soudan, nous ne l'avons rencontrée que dans le Diébédougou, non loin de Mouralia, et dans le Dentilia, sur les bords du Daguiri-Kô et du Koumountourou-Kô. Ses feuilles sont larges, et ses fleurs, disposées en grappes pendantes, sont roses ou rouge pourpre. Le fruit est une gousse de couleur brun foncé, longue de 15 à 20 centimètres, et contenant environ cinq à sept semences ovales, de couleur brun chocolat, à épisperme dur, cassant, chagriné. Les cotylédons sont volumineux, durs, friables, rétractés, et laissent entre eux une sorte de cavité.

Nous avons supposé plus haut qu'elle entrerait dans l'antidote du kouna. Les indigènes ne l'emploient pas autrement dans leur thérapeutique.

J'ai entendu dire que, dans certaines de nos Rivières du Sud, les habitants s'en servaient comme poison d'épreuve.

Sénés. — Le séné que l'on trouve au Niocolo est donné par une espèce de cassia que l'on désigne sous le nom de *Cassia obovata,* Coll. C'est une légumineuse césalpiniée. On en trouve les trois variétés dans presque tout le Soudan. Mais c'est surtout la *Platycarpa,* Bisch. qui est la plus commune. Toutefois, dans le Grand-Bélédougou, notamment, et au Sénégal, dans les environs du poste de Kaaédi, nous avons reconnu l'existence de deux autres variétés, *genuina* et *obtusata.* La variété *platycarpa* est caractérisée par des feuilles arrondies, obtuses. Ses grappes florales égalent les feuilles, et ses gousses sont plus larges, plus incurvées que celles des deux autres variétés. La variété *genuina,* Bisch. diffère des deux autres en ce que ses folioles sont arrondies au sommet, rarement aiguës. Les folioles extrêmes sont obovées, et les grappes florales sont plus longues que les feuilles. Quant à la variété *obtusata,* Vogel, les folioles sont très obtuses au sommet. Les gousses sont en forme de faux. Les folioles sont rarement toutes tronquées au sommet. Ce végétal, à quelque variété qu'il appartienne, n'atteint jamais de grandes dimensions, 2m50 au maximum. Il est facilement reconnaissable à ses belles grappes florales, qui sont d'un beau violet, et à ses fleurs, qui sont celles qui caractérisent particulièrement les Légumineuses césalpiniées.

Les indigènes connaissent parfaitement les propriétés purgatives du séné; ils en récoltent les folioles, les font sécher, et les administrent en infusion à la dose de 10 à 15 grammes dans environ 200 à 250 grammes d'eau. Ils s'en servent surtout dans les cas de fièvres bilieuses, affection à laquelle ils sont fréquemment sujets, surtout dans le sud de nos possessions soudaniennes. On trouve le séné sur tous les marchés du Sénégal et du Soudan.

Le *Canéficier* (*Cathartocarpus Fistula*, Pers., *Cassia Fistula*, L.) est beaucoup moins connu que certains auteurs ont bien voulu l'écrire. Nous n'en avons, au Soudan, trouvé que de fort rares échantillons. C'est un beau végétal, dont le fruit est connu sous le nom de *casse*. Ce fruit est une gousse siliquiforme, indéhiscente, longue de 15 à 50 centimètres, épaisse de 2 à 3 centimètres, noire, lisse, pourvue de deux sutures longitudinales assez larges et marquées de sillons annulaires peu apparents, qui correspondent à autant de cloisons transversales.

Les loges déterminées par ces fausses cloisons renferment chacune une graine, arrondie, lisse et rousse, qu'entoure une pulpe légèrement aigrelette, noirâtre et sucrée. Cette pulpe est la substance active. Elle est laxative. La casse d'Afrique est de moins bonne qualité que celle d'Amérique, et peu connue dans le commerce.

Fogan. — Le fogan, comme l'appellent les Ouoloffs, est désigné par les Bambaras sous le nom de *Tirba*, et par les Malinkés sous le nom de *Tirbo*. C'est une plante terrestre, à tige souterraine, qui est bien connue de tous ceux qui ont voyagé au Soudan. Vers le mois de décembre, la tige émet un pédoncule long d'environ 5 centimètres et qui se termine par un bourgeon floral. La fleur est éclose vers le commencement de janvier. Elle est caractéristique. Ses larges pétales jaunes ne permettent pas de la confondre avec les autres fleurs similaires que l'on pourrait rencontrer. Elle est peu odorante et très fugace. Ses pétales tombent cinq ou six jours après leur éclosion, et sont remplacés par un fruit capsulaire qui arrive à maturité vers le mois de mai. Quand la capsule est sèche, elle s'ouvre d'elle-même et laisse échapper de nombreux flocons d'une bourre blanche ressemblant à de la soie végétale. Dans cette bourre sont noyées une quinzaine de graines noirâtres. Cette bourre brûle presque instantanément, si on y met le feu avec une allumette, en ne laissant, pour ainsi dire, pas de résidu. Le fogan affectionne tout particulièrement les terrains ferrugineux, et il croît de préférence dans les interstices des roches. On le rencontre rarement dans les argiles et la latérite. Les indigènes attribuent à ses graines des vertus aphrodisiaques. Le fogan appartient probablement à la famille des Asclépiadées. Ce serait l'*Asclepias curassavica,* L.

Le *Faham* (*Angræcum fragrans,* Pet. Th.) est une orchidée dont les feuilles servent à faire des infusions théiformes. Ces feuilles sont longues de 8 à 16 centimètres, larges de 7 à 14 millimètres, entières, coriaces, rectinerviées. Leur odeur est très agréable et leur saveur très parfumée. Elles contiennent de la *coumarine.*

Le *Pois-de-cœur* (*Cardiospermum halicacabum,* L.), Sapindacées, est une plante herbacée, grimpante. Feuilles alternes, longuement pétiolées. Fleurs irrégulières, polygames ou dioïques. Calice à quatre divisions. Corolle blanchâtre à quatre pétales, huit étamines, ovaire biloculaire. Loges uniovulées. Le fruit est une capsule loculicide. La racine exhale une odeur nauséabonde. Elle est diurétique et stimulante ainsi que les feuilles. Cette plante est relativement rare.

Le *Cissampelos Pareira,* L., Ménispermacées, est plus commun que le pois-de-cœur dans le bassin de la Gambie. On le trouve surtout dans les régions les plus méridionales. Il croît également à la Guyane dans le Maroni. C'est un arbuste grimpant dont il existe un grand nombre de variétés. Feuilles alternes, peltées. Fleurs petites, nombreuses. Inflorescence en grappes axillaires et dioïques. Fleurs mâles régulières. Calice à quatre divisions. Corolle en forme de capsule.

Androcée représenté par une colonne courte, portant sur les bords du sommet discoïde quatre loges d'anthères. Fleur femelle composée d'un sépale et d'un pétale. Ovaire uniloculaire. Style à trois branches. Le fruit est une drupe presque globuleuse, rouge, comprimée et recouverte de longs poils.

Voici ce que de Lanessan, dans son remarquable ouvrage : *Les Plantes utiles des Colonies françaises,* écrit au sujet des propriétés de ce végétal : « La racine est une de celles qui » constituent le *Pareira brava.* Elle est amère, un peu sucrée, » très diurétique, mucilagineuse, et renferme de la *Pelosine,* » identique, d'après Flückiger, avec la bébérine et la buxine. » Bien qu'elle soit fort peu usitée aujourd'hui, cette racine » passe encore pour pouvoir dissoudre les calculs vésicaux ou » rénaux et guérir les morsures de serpents. La tige paraît » posséder les mêmes propriétés que la racine. »

Doundaké ou *quinquina d'Afrique* ou *Pêcher des Nègres* (*Sarcocephalus esculentus,* Afzel). (*Doy* à Bassa, *Amelliky* à Sierra-Leone, *Judali* en toucouleur). Rubiacées. Sarcocéphalacées. Ce végétal a dans ces dernières années fait beaucoup parler de lui, et beaucoup d'auteurs l'ont regardé comme un succédané du quinquina. Corre, Afzélius, Féris, Bochefontaine, Marcus, Schlagdenhauffen et Heckel l'ont successivement observé à différents points de vue. Mais l'étude la plus consciencieuse et la plus complète qui en ait été faite est assurément celle que notre excellent maître et ami M. le professeur Heckel publia en collaboration avec M. le professeur Schlagdenhauffen, de Nancy, dans les *Archives de médecine navale* en 1885-1886. Leur beau mémoire fut couronné par l'Académie des sciences et valut à ses auteurs le prix Barbier. Après leur remarquable travail, nous n'avons rien à ajouter au sujet de cette intéressante essence botanique. Aussi prions-nous le lecteur de ne voir dans ce qui suit qu'un résumé trop succinct peut-être des observations de ces deux éminents collaborateurs.

Ce végétal est aujourd'hui universellement connu sous le nom de *Doundaké.* C'est ainsi que le désignent les peuplades

qui parlent la langue soussou. On le trouve en grande quantité
dans les environs de Hann, près de Dakar, dans toutes les
Rivières du Sud, et en Gambie nous en avons dans nos voyages
rencontré de nombreux et beaux échantillons. A Dakar ses
fruits sont vendus sur le marché. Les indigènes en sont excessivement friands et les Européens eux-mêmes ne les dédaignent
pas. Ces derniers les appellent les *Pêches des Nègres,* bien
qu'ils aient plutôt le goût de la pomme.

Le doundaké croît un peu partout, mais il affectionne plus
particulièrement la zone maritime.

C'est un arbre ou plutôt un arbrisseau qui ne dépasse pas
quatre à cinq mètres en hauteur. Le diamètre de la tige des
plus beaux spécimens que nous ayons vus atteint tout au plus
trente à trente-cinq centimètres. Le tronc est à peu près
complètement nu et ne porte que rarement de petits ramuscules.
Les branches maîtresses se détachent sur le même plan à
l'extrémité de la tige, si bien que vu de loin, le doundaké
présente en quelque sorte l'aspect d'un énorme champignon.
De plus, son tronc est noueux. L'écorce en est rugueuse,
fendillée et jaunâtre. Les feuilles sont caractéristiques. Elles
sont opposées, acuminées et rétrécies à la base. Le limbe en
est entier. Sa face supérieure est lisse, d'un beau vert luisant.
Sa face inférieure est d'un vert pâle. Le pétiole est court et
porte deux petites stipules. Ces feuilles servent à envelopper
les kolas. Comme elles sont fort épaisses, elles contribuent à
conserver ces graines fraîches, car elles s'opposent, par leur
constitution même, à l'évaporation de l'eau qu'elles contiennent,
et, de ce fait, les kolas ne se dessèchent que lentement, si on
a soin surtout de les mouiller légèrement de temps en temps.

L'inflorescence est en faux capitules terminaux et axillaires.
Calice à cinq divisions. Corolle formée de cinq pétales, caduque,
de couleur blanc pâle ou blanc jaunâtre et exhalant une bonne
odeur de fleur d'oranger. Cinq étamines, ovaire biloculaire.
Style blanc. Loges pluriovulées. Ovules anatropes. Le fruit est
globuleux, ressemblant par la forme à celui du pêcher. Il est
syncarpique et de couleur rouge noir. Les graines en sont

petites, blanchâtres, ovoïdes. L'albumen en est charnu et les cotylédons oblongs.

Le doundaké fleurit, suivant les régions, en mai, juin ou juillet, et le fruit est mûr en octobre ou en novembre. Ce fruit a le goût et l'odeur de la pomme.

Les propriétés toxiques et fébrifuges du doundaké sont connues des indigènes des pays où il croît. Ainsi, Féris rapporte que les Peulhs du Fouta-Djallon utilisent ses propriétés toxiques pour empoisonner les flèches dont ils se servent pour chasser les petits animaux, et que les indigènes du Rio-Nuñez, où il est excessivement abondant, emploient son écorce en décoction (30 grammes d'écorce environ pour 1,000 grammes d'eau) pour combattre le paludisme. M. l'aide-pharmacien Combemale a remarqué enfin qu'à Dakar et à Hann, les noirs en faisaient des macérations qu'ils administraient contre les coliques. Nous-même, enfin, avons pu constater que les Mandingues du sud de la Gambie l'utilisaient également sous forme de macération et de tisane pour combattre toutes les fièvres de quelque nature qu'elles soient. Je me souviendrai toujours de l'extrême amertume d'une macération de doundaké que m'administra à Nétéboulou un vieux forgeron, grand expert, disaient ses compatriotes, pour ces sortes de maladies, lorsque je fus atteint, dans cet hospitalier village, d'accès journaliers de fièvre inter-mittente consécutifs à la fièvre rémittente bilieuse grave qui y mit mes jours en danger.

Il résulte de ce qui précède que l'écorce du doundaké est la partie réellement active de ce végétal, et que les indigènes l'emploient couramment à l'exclusion de ses autres éléments botaniques.

Corre est, à proprement parler, le premier qui, dans sa *Flore de Rio-Nuñez*, ait attiré l'attention du monde savant sur cet arbre et en ait fait connaître les propriétés fébrifuges.

Après lui, les différents médecins de la marine appelés à servir dans les régions où on le rencontre en parlèrent fré-quemment dans leurs rapports. Mais, en réalité, ce furent Féris, médecin-professeur du corps de santé de la marine, aujourd'hui décédé; Bochefontaine et Marcus qui l'étudièrent et l'expérimentèrent méthodiquement. De l'intéressant mémoire qu'ils publièrent à ce sujet et présentèrent à l'Académie de médecine, il résulte que la partie la plus active du doundaké serait bien l'écorce et qu'elle doit ses propriétés fébrifuges à un alcaloïde spécial qu'ils appelèrent la *doundakine*. Heckel et Schlagdenhauffen reprirent peu après cette étude et démontrèrent de la façon la plus évidente et la plus scientifique que cet alcaloïde n'existait pas, et que le doundaké ne devait son action qu'à la matière colorante spéciale que renferme son écorce. Voici, du reste, les conclusions de leur remarquable travail :

« 1° La doundakine en tant qu'alcaloïde cristallisable n'existe pas; mais on peut conserver ce nom si l'on veut à la matière colorante qui lui donne son action physiologique.

» 2° L'amertume des écorces de doundaké, tant de Boké que de Sierra-Leone, est due à deux principes colorants, azotés, de nature résinoïde, diversement solubles dans l'eau et dans l'alcool.

» 3° Les écorces contiennent, en outre, un autre principe sans saveur, insoluble dans l'eau, mais soluble dans la potasse caustique, de la glucose et des traces de tannin. »

Il existe deux variétés de doundaké que l'on a désignées sous les noms de Doundaké de Boké et de Doundaké de Sierra-Leone d'où elles sont originaires. Ces écorces diffèrent entre elles à la fois par leurs caractères macroscopiques et par leur composition chimique. Leur action est la même et, à ce point de vue, elles ne se distinguent l'une de l'autre que par une différence de degré, l'écorce de Sierra-Leone étant la plus puissante. On les falsifie souvent avec l'écorce du *Morinda citrifolia*, L., Rubiacées.

Il résulte des expériences de Féris, Heckel, Bochefontaine, et des observations de Besson, Vigné, Sambuc, Combemale, etc., etc., que le doundaké peut être employé contre l'anémie et la cachexie palustres, la paralysie agitante. Il est fébrifuge et antipériodique, mais à un degré moindre que le quinquina. Sous ce rapport, il n'occupe que le deuxième rang, et malgré cela il est précieux dans son pays d'origine où les cinchonées sont inconnues.

Fouff.— Le fouff serait, d'après Lecart, un nom ouoloff donné à un *Polygala*. M. le professeur Heckel dit qu'il est utilisé au Sénégal et au Soudan contre la morsure des serpents. On le préconise également contre la blennorragie. On se sert particulièrement de la racine en macération et en infusion. Cette dernière racine est caractérisée par une pénétrante odeur qui ressemble un peu à celle du jasmin. D'après E. Heckel, cette odeur serait vraisemblablement due à l'éther méthylsalicylique, dont la présence a été récemment constatée par M. Bourquelot dans plusieurs espèces du genre *Polygala*.

Le *Sendiègne* est un petit arbuste très commun dans toute cette région. Les indigènes vantent ses propriétés antiblennorragiques. Ce végétal nous a paru être une légumineuse. On fait avec la racine pilée ou concassée des infusions et des tisanes qui sont regardées absolument comme souveraines contre la blennorragie. Cette plante est très connue des marabouts et des forgerons, et on la trouve sur le marché de Kayes, au Soudan, aussi bien que sur celui de Saint-Louis, au Sénégal.

Le *Bakis* (*Tinospora Bakis*, Miers), Menispermacées, très commun au Sénégal dans la province du Cayor, est au contraire relativement rare au Soudan. Je ne l'y ai guère reconnu que dans les environs de Kayes, non loin du petit village de Goundiourou. Dans la Haute-Gambie, je l'ai rencontré en assez grande quantité dans le pays des Coniaguiés. Elle affectionne particulièrement les terrains sablonneux. C'est une plante grimpante, à feuilles alternes. Inflorescence en grappes. Calice à six sépales. Corolle à six pétales. Six étamines, trois carpelles. Le fruit est une drupe. La racine est excessivement amère. On la trouve dans les officines des marchands indigènes, sur tous les marchés de Saint-Louis, Dakar, Gorée, Rufisque, Kayes. Les noirs utilisent ses propriétés toniques, diurétiques et fébrifuges. Ils l'emploient surtout contre la fièvre bilieuse simple ou rémittente à laquelle ils sont aussi sujets que l'Européen. Ils en font des décoctions, des macérations, et son usage est particulièrement fréquent chez les peuples d'origine ouolove et sérère. Elle est aussi préconisée contre les écoulements blennorragiques.

L'*Herbe au diable* (*Datura tatula*, L.), de la famille des Solanacées, croît en grande quantité dans le sud de nos possessions soudaniennes. Elle affectionne particulièrement les endroits humides et à l'abri des rayons du soleil. Elle acquiert, dans ces régions, des proportions surprenantes. C'est une plante annuelle, feuilles ovales oblongues, tige dressée, fleurs axillaires de couleur violacée, ovaire à quatre loges. Le fruit est une capsule couverte de piquants, graines noires.

Je ne crois point que les indigènes connaissent les propriétés thérapeutiques de l'herbe-au-diable. Les feuilles de ce végétal renferment un principe actif qui est un narcotique puissant, la *daturine*. A dose élevée, il est toxique. On le regarde comme plus efficace contre l'asthme que le *Datura stramonium*, L.

Le *Khoss* (*Nauclea inermis*, H. Bn.) est un bel arbre qui atteint parfois jusqu'à 15 mètres de hauteur. Feuilles ovales, opposées, pétiolées. Inflorescence capituliforme. Bractées persistantes, calice à cinq divisions gamosépale, corolle blanche tubulaire exhalant une odeur agréable, cinq étamines libres, ovaire infère. Le fruit est une capsule loculicide. Graines ailées.

L'écorce et les feuilles, employées en décoction, macération et tisane, sont, parait-il, fébrifuges. On les emploierait également avec avantage contre les douleurs de l'enfantement.

Le *Bois-Ortolan* (*Jatropha gossypifolia*, L.), Euphorbiacées, est une plante herbacée à feuilles alternes, stipulées. Fleurs monoïques, inflorescence en cymes, cinq sépales, cinq pétales. Étamines en nombre variable, dix à douze; ovaire à trois loges. Le fruit est une capsule. C'est une des plantes les plus usitées dans la pharmacopée des indigènes. Les graines sont purgatives, l'écorce est réputée antiblennorragique, et les feuilles sont couramment employées en tisane contre la colique. Dans cette dernière affection, le bois-ortolan réussirait à merveille. C'est pourquoi on lui a donné souvent le nom d'*Herbe au mal de ventre*.

La *Cléome* (*Cleome pentaphylla*, L.), Capparidacées, est très commune dans tout le Soudan. Ses feuilles sont comestibles et passent pour jouir des mêmes propriétés antiscorbutiques que le cresson et le cochléaria.

Le *Bentamaré* (*Cassia occidentalis*, L.) est une légumineuse césalpiniée. Cette plante est connue sous le nom de *café nègre* et d'*herbe puante*. Elle croît surtout dans les terrains élevés et jouit d'une grande faveur dans la thérapeutique indigène. C'est une plante facile à reconnaître. Elle est buissonneuse. Fleurs jaunes. Le fruit est une gousse. On la trouve également à la Martinique, où les noirs emploient ses feuilles bouillies contre les maladies de peau. Ses graines, torréfiées, sont employées en infusion contre les fièvres intermittentes. Sa racine est diurétique et purgative. Ses graines, torréfiées et réduites en poudre, servent à frauder le café, d'où le nom de *café nègre* qu'on lui donne parfois.

Le *Détar* (*Detarium senegalense*, Gmel) est encore une légumineuse césalpiniée que les Ouoloffs appellent *Méli;* les Malinkés l'appellent *Mambo*, et les Bambaras *Manaba*. C'est un bel arbre de 5 à 8 mètres de hauteur. Il croît surtout dans les régions septentrionales du bassin de la Gambie et dans le Bondou. Feuilles alternes, fleurs axillaires disposées en grappes, calice à quatre divisions. Corolle à l'état embryonnaire, dix étamines, ovaire uniloculaire, biovulé. Le fruit est une drupe dont le sarcocarpe est abondant. La chair de ce fruit est farineuse et sa couleur verdâtre est caractéristique. Il ressemble à une pomme grise dont la peau serait rugueuse au toucher. On en trouve en grande quantité sur les marchés du Sénégal et du Soudan, et les indigènes en sont excessivement friands. Quand on le mange avant qu'il soit arrivé à maturité complète, il a un goût âpre absolument désagréable. Mais quand il est bien mûr, il est, au contraire, excessivement parfumé. Il passe pour un des fruits les plus nourrissants du Soudan. L'écorce de l'arbre serait un poison très violent.

Il existerait dans le Rio-Nuñez une variété de détar dont le fruit, absolument semblable au précédent, serait excessivement vénéneux.

L'*Hojou* (*Argemone mexicana*, L.), Papavéracées, croît spontanément dans la brousse. On la trouve en notable quantité dans les régions désertes et incultes du Tenda, du Kantora et du Damantan. C'est une plante annuelle à tige épineuse et à latex jaune citron. Feuilles alternes, fleurs terminales, calice à trois divisions, corolle à quatre pétales jaunes. Étamines en nombre variable, ovaire uniloculaire, pluriovulé. Le fruit est une capsule épineuse s'ouvrant par trois valves.

Toutes les parties de la plante sont utilisées dans la thérapeutique. Les graines sont purgatives. Elles donnent une huile dont les propriétés drastiques sont aussi énergiques que celles de l'huile de croton ; elles sont également vomitives. Les fleurs sont narcotiques. Le latex sert à panser les verrues. Il contiendrait également de la morphine. Enfin, l'écorce de la tige et de la racine est employée en décoction contre les maladies de la peau et de la vessie. Toutefois, les renseignements que j'ai recueillis sur cette plante me permettent d'affirmer que seuls les indigènes du Tenda l'emploient pour combattre cette maladie de peau particulière qui y est si commune et qui a pour conséquence de détruire complètement le pigment des parties du corps qui en sont atteintes. Ils utilisent particulièrement le latex comme substitutif.

Beaucoup d'autres plantes sont encore utilisées par les habitants de la Gambie dans leur thérapeutique. Elles sont trop connues pour que nous en fassions une histoire complète. Nous nous contenterons de citer ici les principales. Le *Touloucouna* (*Carapa touloucouna*, Guill. et Per.), Méliacées, dont l'huile est préconisée contre les rhumatismes, les dartres et les maladies du cuir chevelu. L'*Anacarde* (*Anacardium occidentale*, L.), Térébinthacées, dont les feuilles sont employées en lotions et gargarismes astringents. La racine est regardée comme purgative. Le *Benailé* (*Moringa pterygosperma*, Gœrtn), Capparidacées. Les fruits sont connus sous le nom de *noix de ben*. L'embryon est purgatif et fébrifuge. L'écorce et la racine sont antiscorbutiques, rubéfiantes et vésicantes. Le *Guiguis* (*Banhinia reticulata*, Guill. et Per.), Légumineuses césalpiniées, dont les feuilles sont expectorantes et l'écorce antidiarrhéique et antidysentérique. Le *Cassia absus*, L., Légumineuses césalpiniées, dont les graines sont employées contre les ophtalmies. Le *Papayer* (*Carica papaya*, Gœrtn), Bixacées, dont les graines sont anthelminthiques. Le fruit, riche en papaïne, est digestif et stomachique. Le *Dartrier* (*Cassia alata*, L.), Légumineuses césalpiniées, antiherpétique. Ce sont ses feuilles qui sont utilisées surtout. Le *Djandam* (*Boscia senegalensis*, Lamk.), Capparidacées, est préconisé contre les maux de tête. Ce sont ses feuilles, bouillies et réduites en pâte, qui sont généralement employées. L'écorce du *Connarus africanus*, Cov., Connaracées, est employée en décoction pour panser les plaies et les brûlures. Les graines de *Cassia tora*, L., Légumineuses césalpiniées, servent à frauder le café en poudre. Le mélange (1 café, 5 cassia) est connu sous le nom de *cassophy*. Ce végétal est regardé comme purgatif et anthelminthique. Il est surtout employé dans la thérapeutique des enfants. L'infusion des feuilles du *Dialum nitidum*, Guil. et Per., Légumineuses césalpiniées, *Cocito* en malinké, est réputée sudorifique. Le *Pterocarpus erinaccus*, (Poir.), Légumineuses papilionacées, *Vène* en ouoloff, *Kino* en malinké, donne le *Kino de Gambie*. L'écorce du *Benténier* (*Eriodendron anfractuosum*, D. C.), Malvacées, est émétique. Ses feuilles sont émollientes. Sa gomme est employée contre certaines affections de l'intestin et surtout contre les entérites chroniques. Le *Zanthoxylum senegalense* (D. C.), Rutacées, est regardé comme sudorifique et stimulant. Le *Quassia africana*, L., *Simaba africana*, H. Bn., Rutacées, est fébrifuge et surtout stomachique et tonique. La *Pourguère* (*Jatropha curcas*, L.), et le *Ricin* (*Ricinus communis*, L.), Euphorbiacées, sont des purgatifs bien connus. La *Brucea antidysente-*

rica, Mill., Rutacées, est un excellent tonique réputé antidysentérique. Le *Guenoudek* (*Celastrus senegalensis*, Lamk.), Célastracées, est un purgatif léger précieux contre les diarrhées chroniques. La racine, le bois et l'écorce du *Terminalia macroptera*, Guill. et Per., Combretacées, sous forme d'infusion, sont purgatifs. Les fruits sont astringents et employés contre la dysenterie. Le *Guiera senegalensis*, Lamk., est diurétique et purgatif. Ses feuilles sont utilisées sous forme d'infusions.

Les graines de l'*Amomum melegueta*, Rosc., en ouoloff *Enoué*, sont employées dans la médecine vétérinaire. Le *Guieb-Golo* ou *Riz de Singe* (*Vitis quadrangularis*, L.), Ampelidées, est utilisé comme topique dans les brûlures. Ce sont les tiges qu'on emploie de préférence, pilées et réduites en pâte bien homogène. Le *beurre de karité*, que donne le *Butyrospermum Parkii*, Kotsch, Sapotacées, sert à panser les plaies et ulcères de mauvaise nature. Il est aussi utilisé contre les douleurs rhumatismales. L'écorce du *Calotropis procera*, R. Bn., Asclépiadées, connue sous le nom d'*écorce de Mudar*, est réputée tonique et diaphorétique. Celle du *Garigari* (*Avicennia africana*, P. Beauv.), Verbénacées, est employée par les indigènes pour combattre la gale. Le *Calebassier* (*Crescentia cujete*, L.), Solanacées, jouit également de propriétés thérapeutiques précieuses. On utilise son fruit dans les bronchites rebelles, et il est également employé sous forme de cataplasme contre les inflammations. Le *Perianthopodus globosus*, H. Bn., Cucurbitacées, est employé comme purgatif. Le *Canthium afzelianum*, Hiern, Rubiacées, est employé comme astringent. Ses feuilles sont utilisées pour combattre l'enflure des jambes (?). On les applique comme cataplasmes sur les parties malades, après les avoir fait bouillir au préalable. L'écorce de l'*Eugenia guineensis*, H. Bn., (*Sizygium guineensis*, D. C.), Myrtacées, employée sous forme de décoction et d'infusion, est regardée comme stimulante, antirhumatismale et antisyphilitique. Le fruit du *N'taba* (*Sterculia cordifolia*, Rob. Brown), Sterculiacées, est employé contre certaines diarrhées rebelles par les indigènes de la Haute-Gambie.

Nous mentionnerons enfin, en terminant, le *Kola* (*Kola acuminata*, R. Br.; *Sterculia acuminata*, Pal. Beauv.; *Sterculia verticellata*, Shum. et Thoun.), Sterculiacées, que les indigènes désignent, suivant les régions, sous le nom de *Ouoro, Gourou*, etc. Bien que ce végétal ne croisse absolument nulle part dans aucune région du bassin de la Gambie, nous ne croyons pas devoir le passer sous silence, car les indigènes en font une abondante consommation. Ses graines, connues sous le nom de *noix de kola*, leur viennent par Bathurst et Mac-Carthy. Après les remarquables travaux de M. le professeur Heckel, de Marseille, nous n'avons rien à dire au sujet des propriétés thérapeutiques de ce précieux végétal, qui est passé aujourd'hui dans la pratique courante. Nous prions donc le lecteur que cette question pourrait intéresser, de vouloir bien consulter le livre de notre savant maître et ami : *Les Kolas africains* (Société d'éditions scientifiques, Paris, 1893), et notre mémoire : *La Noix de Kola* (*Bulletin de la Société de géographie commerciale de Bordeaux*, mars 1893, n° 5).

V. — Végétaux produisant des matières textiles.

Les végétaux de cette catégorie sont particulièrement communs dans le bassin de la Gambie. Nous nous contenterons de parler ici des principaux, de ceux seulement que notre industrie pourrait utiliser.

Le *Cotonnier* (*Gossypium punctatum*, Guill. et Perrotet), de la famille des Malvacées, croît d'une façon remarquable dans tout le bassin de la Gambie. Les indigènes en font de superbes ' lougans (champs cultivés) auxquels ils apportent un soin relativement attentif. Ces lougans sont généralement situés aux alentours du village afin que les femmes et les enfants, auxquels incombe le soin de la cueillette, ne s'écartent et ne s'éloignent pas trop au moment de la récolte.

Le terrain est, au préalable, bien débarrassé de toutes les herbes qui pourraient entraver le bon développement du végétal. Quand elles sont sèches, on les réunit en tas et on les

brûle. Les cendres sont répandues sur le sol et contribuent à
le fertiliser. Puis, à l'aide de la pioche, on pratique des sillons
distants les uns des autres d'environ 40 centimètres. La terre
en est bien relevée en dôme et, quand tout est fini, on croirait
que tout ce travail a été fait à la charrue. C'est sur le point
culminant de ces sillons que sont faits les semis. On pratique
simplement, à l'aide d'un morceau de bois, un trou de 5 à
6 centimètres de profondeur dans lequel on introduit deux ou
trois graines que l'on recouvre d'un peu de terre. Le coton lève
environ deux semaines après avoir été semé. Il rapporte six ou
sept mois après. Une plantation faite en juin fleurit vers la fin
d'octobre, et la récolte peut être faite en janvier ou février. Ce
n'est guère que lorsque la capsule s'est ouverte et que les soies
s'en échappent que l'on y procède. Ce travail, peu pénible, est
fait par les femmes et les enfants. La cueillette terminée, le
coton est étendu sur des nattes, au soleil, afin de le bien sécher
et de le faire blanchir. Puis, les graines sont enlevées et sépa-
rées de la bourre. Celle-ci, si on ne l'emploie pas immédiatement, est placée dans des vases en terre où elle est absolument à l'abri de l'humidité. A leurs moments perdus, le soir
notamment, dans les dernières heures du jour, les femmes le
filent à l'aide de petits fuseaux analogues à ceux dont on se sert
encore dans nos campagnes, et fabriquent un fil très résistant
avec lequel les tisserands tissent ces étoffes si appréciées des
noirs et dont, en maintes régions, ils se servent comme
monnaies.

De tout temps, les indigènes ont cultivé et utilisé le coton, et
bien avant notre installation dans le pays, ils savaient en fabriquer des étoffes. Mais pour cela, comme pour tout du reste, ils
font preuve de la plus grande imprévoyance et ne récoltent que
ce qui leur est absolument nécessaire pour leurs besoins. La
production, depuis que ces régions sont soumises à notre autorité, n'a pas augmenté d'un kilogramme. Il faut dire aussi que
nous n'avons rien fait pour cela.

Le coton le plus commun en Gambie est le coton à courte
soie (*Gossypium Punctatum*, Guill. et Perrotet). Il est loin

d'être aussi beau qu'on a bien voulu le dire. Si l'on ne regarde que la couleur, il est d'une blancheur éclatante. Mais il est peu souple, difficile à filer et, surtout, le rendement est peu considérable. En résumé, un coton de cette valeur n'est pas commercial en Europe. En 1827, on a bien tenté d'acclimater, au Sénégal, les espèces les plus estimées sur nos marchés. Successivement, on y a cultivé les espèces *indicum*, Lk.; *hirsutum*, L.; *barbadense*, L.; *acuminatum*, Roxb.; mais aucune n'a donné de résultats satisfaisants. Les essais ont dû être abandonnés. Il en sera encore de même aujourd'hui. Seule, l'espèce indigène y réussira. Le climat, la nature du sol n'ont pas changé et ne permettront jamais aux cotons de qualité supérieure d'y prospérer. Bien plus, nous sommes intimement persuadé qu'ils y dégénéreront aussi bien que les autres végétaux que l'on a voulu y importer. Il serait bien plus logique d'améliorer par la culture celui qui y croît déjà que de tenter des expériences qui ne seront jamais, quoi qu'il arrive, rémunératrices.

Outre les espèces dont nous venons de parler, il en existe encore une autre dite *Gossypium intermedium*, Tod. Peu abondante dans le bassin de la Gambie, elle est surtout cultivée au Sénégal et dans le Grand-Bélédougou. Elle donne un coton plus grossier, de couleur jaune sale et dont les soies adhèrent fortement aux graines. Le tissu que l'on en obtient est plus grossier et de moins bonne qualité que le tissu que donne la première.

Les graines sont peu utilisées en dehors des semis. En Gambie, on en extrait parfois l'huile et l'on s'en sert dans la thérapeutique courante, surtout pour le pansement des plaies. En temps de disette, les indigènes mangent parfois les jeunes feuilles de coton sous forme de bouillie. On en fait également des cataplasmes très émollients, et elles servent à préparer des bains souverains, disent-ils, contre les douleurs rhumatismales des extrémités.

Le *Fromager* (*Bombax ceiba*, L.) est une malvoïdée de la famille des Bombacées. Sa tige est très volumineuse et atteint parfois jusqu'à 8 et 10 mètres de hauteur. On montre, à Goniokori, les deux fromagers sous lesquels campa Mungo-Park lorsqu'il passa dans le village, et tous les Européens les connaissent sous le nom de : « Fromagers de Mungo-Park. » Ils ont des dimensions réellement gigantesques.

L'écorce du fromager ordinaire est d'une belle couleur vert lézard. Elle est couverte d'épines volumineuses très acérées et qui se détachent difficilement. Le bois, très tendre, est peu employé. Les feuilles sont alternes, stipulées et généralement peu abondantes. L'arbre en porte toute l'année. Il fleurit en janvier ou en février et ses fruits arrivent à maturité en juin ou juillet. Ces fruits secs ont l'endocarpe chargé de poils à l'intérieur, et ils renferment une trentaine de graines qu'entoure une sorte de bourre laineuse caractéristique qui permet aisément de reconnaître ce végétal.

Le fromager proprement dit croît dans les terrains légèrement humides et a besoin d'une forte terre pour bien prospérer. Nous en avons vu à Mac-Carthy de beaux spécimens.

Il existe au Soudan deux sortes de fromagers : le fromager proprement dit et le *Dondol*. Ce dernier présente des particularités qui méritent d'être signalées. A l'encontre de son frère, il croît, de préférence, dans les terrains pauvres en humus, surtout sur les plateaux ferrugineux, si communs dans ces régions arides et désolées. Il n'acquiert jamais les énormes proportions du fromager proprement dit. Le diamètre de sa tige ne dépasse guère 40 ou 50 centimètres au maximum. Son écorce, au lieu d'être verte, a une couleur brun noirâtre prononcée. Elle est profondément fendillée et il n'y a que les jeunes rameaux qui présentent des épines peu adhérentes et qui tombent au bout de deux ou trois ans. Ses rameaux sont peu nombreux et de petites dimensions si on les compare au tronc. Ils ne portent que de rares feuilles alternes et stipulées, peu persistantes, et qui tombent dès les premières chaleurs. Les feuilles ne se montrent que longtemps après la floraison. Celle-ci a lieu vers la fin de décembre. A cette époque, l'arbre se couvre de belles fleurs d'un rouge vif qui sont absolument caractéristiques de ce végétal. Elles ne durent guère que trois

à cinq jours au plus et tombent naturellement. Au pied de
l'arbre, le sol en est littéralement jonché. Rien de curieux à
voir comme le dondol en fleur : on dirait un superbe pied de
flamboyant, mais absolument dépourvu de feuilles. Du rouge,
rien que du rouge, les rameaux disparaissent entièrement sous
cette avalanche de couleurs vives et chatoyantes. A ces fleurs
succèdent, en quantité relativement considérable, les fruits.
Ces fruits sont secs, déhiscents, à coque de couleur marron
foncé, et s'ouvrant aisément au choc. La grande chaleur suffit
pour les faire éclater quand ils sont arrivés à maturité. L'endocarpe est chargée de poils doux et soyeux à l'intérieur. La
cavité de ce fruit (tous ceux qui ont vécu au Soudan le connaissent bien) est remplie par une bourre épaisse, laineuse,
douce au toucher, et ayant à la lumière le reflet de la soie.
A l'époque de la maturité, c'est-à-dire en mai, juin et juillet, le
sol en est couvert au pied des arbres. Elle est excessivement
légère, très riche en nitrate de potasse, et, même sous un gros
volume, s'enflamme rapidement et brûle comme le coton-
poudre en ne laissant qu'un résidu absolument insignifiant.
Cette bourre est très difficile à tisser et à filer. J'ai, cependant,
entendu dire que les indigènes du Canadougou, pays situé à
l'est du Niger, dans la partie la plus méridionale de sa boucle,
s'en servaient parfois pour fabriquer des étoffes de prix et pour
exécuter de fines broderies. Elle est, par contre, très bonne
pour confectionner des matelas et des oreillers ; nous l'avons
souvent employée à cet usage.

Cette bourre enveloppe une trentaine de graines noirâtres
qui diffèrent de celles du fromager ordinaire, d'après M. le
professeur Cornu, du Muséum d'histoire naturelle de Paris, en
ce qu'elles ne sont pas bosselées. Je dédie cette espèce nouvelle
à M. le professeur Cornu, en l'appelant *Bombax Cornui*.

Parmi les végétaux de cette catégorie, nous pouvons encore
citer le *Baobab* (*Adansonia digitata*, L.), Malvoïdées. Les
fibres de son écorce servent à fabriquer des cordes excessivement résistantes. Celles du *Bambou* (*Bambusa arundinacea*, L.), Graminées, sont employées aux mêmes usages. Il

en est de même de celles des feuilles du *Rônier* (*Borassus flabelliformis*, L.), Palmiers. Les feuilles du *Bananier* (*Musa paradisiaca*, L.), Musacées ; celles de l'*Agave* (*Agavus americana*, L.), Agavées, renferment également des fibres que le tissage pourrait utiliser. Le squelette fibreux du fruit de la *Liane-Torchon* (*Momordica operculata* ou *muricata*, L.), Cucurbitacées ; les fibres du *Fafetone* (*Calotropis procera*, R. Br.), Asclépiadées, et la soie qui entoure ses graines sont encore employés soit pour la couture, soit pour la fabrication de cordages et le tissage des étoffes. Enfin, on pourrait également faire servir aux mêmes usages les fibres de l'*Ananas* (*Bromelia ananas*, L.), Broméliacées, et celles de l'*Aloès* (*Aloé*, L.), Liliacées, qu'il serait facile de cultiver dans ces régions où ils prospèrent d'une façon remarquable.

VI. — Végétaux pouvant être utilisés pour la teinture.

Le plus commun, et celui qui pourrait donner lieu à l'exploitation la plus rémunératrice, est l'*Indigo*. Ce végétal est très commun dans toute cette région et chaque village en possède plusieurs beaux lougans aux environs des cases. Les indigènes en retirent la couleur bleue dont ils se servent pour teindre leurs étoffes. L'indigo de la Gambie est donné par l'*Indigofera tinctoria*, L., Légumineuses papilionacées. La culture de cette plante est très facile. Elle croît, pour ainsi dire, spontanément, et on n'a besoin absolument que de la semer. Ses feuilles sont récoltées vers la fin du mois de novembre et les ménagères leur font subir la préparation suivante : On les fait sécher au soleil et macérer ensuite dans environ trois fois leur poids d'eau pendant plusieurs heures ; on y ajoute une petite quantité de cendres, on laisse reposer et on décante. Le produit ainsi obtenu est alors pétri en pains qui ont la forme de cônes et mis à sécher au soleil. On a soin tous les soirs de les rentrer pour ne pas les exposer à l'humidité. Ces pains ont à peu près la forme conique. Leur poids varie de 500 grammes à 3 et 5 kilog. C'est sous cette forme, ou bien en petits fragments, que l'on trouve l'indigo sur tous les marchés du Soudan. Son prix varie de 4 à 6 francs le kilog. Cet indigo donne une couleur bleu violacé, qui est en grand honneur chez tous les peuples du Soudan. Mais elle passe rapidement et les étoffes qu'elle a servi à colorer déteignent au lavage. Les indigènes ignorent, en effet, les procédés les plus efficaces pour la fixer. Ils ne se servent, pour cela, que des cendres d'un arbre très commun dans toutes ces régions, le *Rhatt* (*Combretum glutinosum,* G. et Perr.), Combrétacées.

Bien que l'indigo du Soudan soit de qualité inférieure aux indigos de Java, du Bengale et d'Amérique, nous estimons qu'il pourrait être utilisé avec fruit par nos industriels. C'est pourquoi nous devrions faire tous nos efforts pour propager dans notre colonie cette plante dont le rendement considérable sera certainement rémunérateur.

Le *Rocouyer* (*Bixa orellana,* L.), Bixacées, existe à l'état sauvage dans le bassin de la Gambie. Les indigènes ne le cultivent pas. Il est de plus relativement rare. Les graines de cet arbuste, écrasées dans l'eau chaude, donnent une matière colorante rouge et résineuse que l'on désigne sous le nom de *rocou.* Cette matière une fois fermentée et desséchée est dure et peu odorante. Elle renferme deux principes colorants : un rouge vif que l'on désigne sous le nom de *bixine,* qui est résineux et soluble dans l'alcool bouillant, et un jaune appelé *orelline,* qui est soluble dans l'eau, l'alcool et l'éther. Le rocou du commerce exhale une odeur nauséabonde parce que, pour le maintenir mou, on l'additionne d'urine.

Le rocouyer se reproduit de lui-même et pousse très rapidement dans les terrains humides.

Le *Calama,* que les Ouolofs appellent *Rhatt* ou *Rehatt,* est un beau végétal de haute taille. C'est une Combrétacée, le *Combretum glutinosum,* Perr. Il croît, de préférence, dans les terrains pauvres en humus, sur les terrains rocheux et sur le versant des collines. On le trouve partout au Soudan, mais c'est surtout dans le Bambouck, le Birgo, le Gangaran, le Manding et le Bélédougou qu'il est le plus commun. Les Malinkés

7

l'emploient surtout en teinture. Ce végétal est appelé *Calama* par les Bambaras, *Rehatt* ou *Rhatt* par les Ouolofs, *Kéré* par les Malinkés et *Kodioli* par les Sarracolés. Les cendres de son bois servent à fixer les couleurs de l'indigo; les Bambaras et les Malinkés surtout retirent de ses feuilles une couleur qui leur sert à teindre en jaune sale et en rouge couleur de rouille leurs boubous et leurs pagnes.

Cette couleur est, pour ainsi dire, la couleur nationale des Malinkés. Ils l'affectionnent tout particulièrement. Voici comment ils procèdent : Ils récoltent les feuilles sur l'arbre quand elles sont encore très vertes, les font sécher, puis les écrasent entre leurs mains. Ceci fait, on verse dessus environ deux fois autant d'eau qu'il y a de feuilles, et on laisse infuser à froid pendant au moins vingt-quatre heures. On plonge alors l'étoffe à teindre dans cette infusion et on la laisse tremper pendant douze heures. On la retire alors et on fait sécher. La teinte plus ou moins foncée donnée à l'étoffe tient non pas au temps plus ou moins long qu'elle reste dans la liqueur, mais au degré plus ou moins grand de concentration de celle-ci. Cette couleur est aussi contenue dans les racines, mais je ne me souviens pas avoir entendu dire qu'elles soient utilisées par les indigènes.

Cette teinture est très adhérente. On la fixe à l'aide des cendres du végétal lui-même. Elle résiste même à la pluie, au lavage à l'eau chaude et au savon. Chez les Bambaras et les Malinkés, les femmes de forgerons acquièrent une véritable habileté pour la préparer. La façon de cette teinture se paie environ cinq moules de mil (8 kilog. à peu près) par pagne ou par boubou.

Les feuilles du *Khoss* (*Nanclea inermis*, H. Bn.) donnent également une belle couleur jaune que les indigènes utilisent pour teindre leurs cuirs. Il en est de même de la *Morinde* (*Morinda citrifolia*), Rubiacées. La couleur que l'on retire de ce dernier végétal est d'un beau jaune safran. Enfin, des feuilles et des tiges de certaines variétés de *Mil* (*Sorghum vulgare*, L.), Graminées, le *Baciba* et le *Guessékélé*, par exemple, les forgerons retirent, je ne sais trop par quel procédé, une belle

couleur rouge vineux qui leur sert à teindre les pailles avec
lesquelles ils tressent leurs corbeilles, leurs chapeaux et les
paillassons destinés à couvrir les calebasses.

Le *Diabé* n'est autre chose que le *Henné* (*Lawsonia inermis*, L.), de la famille des Lythrariées. Ce végétal est assez
commun dans toute cette région, mais on le trouve surtout
dans le Bambouck, le Dentilia et le Manding. Les indigènes en
utilisent les feuilles pour teindre en jaune très foncé leurs
cuirs; mais elles sont surtout estimées des femmes qui s'en
servent pour se colorer en rouge acajou les ongles et souvent
aussi la paume des mains. Voici comment on procède pour
obtenir cette coloration si appréciée des élégantes : On récolte
les plus jeunes feuilles de diabé; on les pile de façon à en faire
une pâte bien homogène. Puis, on enduit de cette pâte chaque
ongle. La main tout entière est ensuite enveloppée de feuilles
quelconques et on a soin de maintenir très humide ce pansement pendant trois ou quatre jours. Puis, on l'enlève, et, les
mains lavées, on trouve les ongles teints en jaune rougeâtre
acajou. Cette coloration persiste pendant trois ou quatre mois;
après ce temps, il faut recommencer l'opération. Cette teinture
des ongles est considérée par les négresses comme un attribut
essentiel de l'élégance. Filles, femmes de chefs et de notables,
ne manquent pas de la faire avec soin. Les griotes s'offrent
parfois aussi ce luxe.

Cette pratique est surtout en honneur chez les Peulhs et
chez les peuples qui appartiennent à cette race. Elle est plus
rare chez les peuples de race mandingue. Quelques jeunes gens
adoptent aussi cette mode, mais ce fait est peu fréquent.

Le henné est appelé *Diabé* par les peuples de race mandingue, et *Pouddi* par les Peulhs et leurs congénères.

VII. — Végétaux produisant du caoutchouc et de la gutta-percha.

Ils existent en quantité considérable dans tout le bassin de
la Gambie et leur exploitation pourrait donner des résultats
importants et des bénéfices certains.

Les *Ficus* sont très communs dans toute cette région. Ils donnent tous des caoutchoucs plus ou moins estimés. On y trouve les variétés les plus nombreuses de ce beau végétal. Les plus fréquentes sont : le *Ficus sycomorus*, L., le *Ficus Afzelii*, L., le *Ficus rugosa*, L., le *Ficus macrophylla*, Desf. Ce dernier est très commun, surtout dans le Bondou. C'est, pour ainsi dire, le seul arbre de toute cette région qui donne un beau feuillage. Le *Ficus elastica*, Roxb., est malheureusement assez rare; on ne le trouve guère que dans la Haute-Gambie, la Haute-Falémé et dans le haut cours du Bakhoy et du Bafing. Nous en avons trouvé quelques rares échantillons dans le Dentilia, le Konkodougou et le Bambouck. Quant au *Banyan* (*Ficus religiosa*, W.), il est très commun dans tout le bassin de la Haute-Gambie où il atteint des proportions gigantesques. Le Niocolo, le Badon, le Dentilia et le Gounianta notamment en possèdent de superbes échantillons. A l'incision, il donne également du caoutchouc; mais il paraîtrait qu'il est de plus mauvaise qualité que celui qui est extrait du *Ficus elastica*.

Les caoutchoucs qui nous viennent de la côte occidentale d'Afrique sont, en majeure partie, donnés par diverses grandes lianes de la famille des Apocynées. Il en existe dans tout le bassin de la Gambie un grand nombre de variétés. Nous ne parlerons ici que de celles dont l'exploitation pourrait donner des résultats satisfaisants. « Le caoutchouc qu'on en extrait est très inférieur aux caoutchoucs d'Amérique et d'Asie. Néanmoins, quand il a été travaillé tout frais, on parvient à en obtenir d'assez bons produits, tandis que si on le laisse d'abord s'égoutter et sécher à l'air, il éprouve à la surface une oxydation particulière à la suite de laquelle il se décompose et coule comme de la mélasse. Il exhale une odeur désagréable qui lui est propre et qu'il conserve même après la vulcanisation. » (Roret.)

Le *Fafetone* n'est autre chose que le *Calotropis procera*, R., Br., de la famille des Asclépiadées; il donne par incision du caoutchouc. *Fafetone* est le nom ouolof de cette plante. Les Malinkés l'appellent N'*goyo*, les Bambaras N'*gei* et les Peulhs *Poré*. C'est une liane qui atteint parfois des dimensions considérables. Elle croît partout dans les Rivières du Sud, au Gabon, au Fouta-Djallon, sur les bords du Tankisso et dans la majeure partie des régions situées dans la boucle du Niger. Elle aime un terrain humide; aussi est-elle très commune dans les pays où l'hivernage se prolonge. Au Soudan, au contraire, où la saison des pluies ne dure guère plus de quatre mois au maximum, on ne la trouve que sur les bords des marigots. Elle fait absolument défaut dans le Bondou, le Ferlo, le Kaméra, le Fouladougou, le Bambouck et le Manding. Elle est, par contre, très abondante dans les bassins de la Gambie et de la Haute-Falémé. Elle sécrète un suc laiteux qui, par évaporation, donne du caoutchouc d'excellente qualité.

Les noirs du Soudan ignorent absolument tout procédé pour recueillir le caoutchouc. Ce n'est guère qu'à partir de la Gambie qu'on commence à le récolter, et la production augmente sensiblement au fur et à mesure qu'on s'avance dans le sud. Mac-Carthy est le point le plus septentrional où l'on commence à voir apparaître ce précieux produit. Les indigènes du sud de la Gambie en apportent chaque année davantage aux comptoirs de la *Compagnie française de la côte occidentale d'Afrique* et de la *Bathurst trading Company, limited*. En 1890, il en a été acheté environ 4,500 kilog. et, d'après les renseignements qui m'ont été donnés, cette quantité n'était qu'un minimum comparé aux achats faits depuis. Le caoutchouc que les indigènes apportent aux factoreries de la Gambie est en boules, de la grosseur du poing environ. Sa couleur est brun foncé à la surface; mais, à l'intérieur, il est d'un blanc grisâtre. Quand on les fend par le milieu, on constate à l'intérieur des lacunes assez grandes remplies d'un liquide parfois abondant, surtout quand la récolte a été faite récemment. Ce liquide est absolument nauséabond. Aussi les commerçants, avant d'acheter, ont-ils l'habitude de fendre les boules pour le faire écouler et aussi pour s'assurer que le caoutchouc n'est pas fraudé; car les indigènes ont l'habitude, dans certaines contrées, d'introduire des cailloux à l'intérieur des boules. A Mac-Carthy, le caoutchouc se vend à peu près 1 fr. 25 le kilog. Les noirs mélangent parfois à leur stock de boules, des boules de gutta. Les traitants les refusaient toujours comme du caoutchouc de mauvaise qualité ; il n'en est plus de même aujourd'hui.

Les Dioulas emploient, paraît-il, l'écorce du fafetone comme stimulant. Ils lui attribuent des vertus aphrodisiaques. L'écorce de la racine est connue depuis longtemps en matière médicale sous le nom d'*écorce de Mudur*; elle est réputée tonique et diaphorétique. Les feuilles de ce végétal ont de plus, pour les Malinkés du Ghabou et les Peulhs du Fouladougou, la propriété de clarifier l'eau. Les Pahouins du Gabon, les Soussous et les Balantes fabriquent avec ses fibres des fils très résistants. Enfin, les graines sont entourées d'une courte soie qui sert à faire des fils qui, colorés en jaune ou en rouge, servent à coudre les boubous des élégants du Fouta-Djallon. On dit que cette soie serait dangereuse à manier et à travailler, car elle est très cassante et les petits fragments que l'on en peut absorber par la voie respiratoire détermineraient de graves affections pulmonaires.

Laré ou *Saba*. — Cette liane (*Vahea senegalensis*, A. D. C.) est nommée *Laré* par les peuples de race peulhe et *Saba* par les noirs de race mandingue. Elle atteint souvent des proportions gigantesques. Nous en avons vu fréquemment dont le tronc atteignait la grosseur de la cuisse d'un homme vigoureux. C'est une Apocynée du genre *Landolphia* ou *Vahea*. Elle s'attache toujours aux grands végétaux et acquiert parfois un si grand développement que l'arbre qui la porte disparaît complètement sous son feuillage. Elle est très facile à reconnaître à son port majestueux et au dôme de verdure qu'elle forme au-dessus des végétaux auxquels elle s'attache. Ses fleurs, blanches, qui ont la forme de celles du jasmin, exhalent une odeur des plus agréables qui permet d'en reconnaître au loin la présence. Ses fruits sont tout aussi caractéristiques. Ils sont volumineux et affectent la forme d'une orange, de celles que l'on désigne sous le nom de *Pamplemousses (Citrus decumana)*. Leur coloration est vert sombre quand ils ne sont pas mûrs. Arrivés à maturité, ils sont, au contraire, d'une jaune rouge qui ne per-

met de les confondre avec aucun autre. Ils poussent à l'extrémité des petits rameaux. Ils contiennent à l'intérieur une
trentaine de graines de formes pyramidales qui sont noyées
dans une pulpe jaune d'or d'un goût délicieux et excessivement rafraîchissante. Ce goût rappelle un peu celui de la
cerise.

On trouve le laré partout au Soudan français ; mais les
contrées où il est en plus grande abondance sont le Niocolo, le
Baleya, l'Amana, le Dinguiray, etc., etc. Il croît de préférence,
sur les bords des marigots, dans les terrains humides, marécageux surtout. Nous avons pu remarquer que les larés qui
poussent dans les argiles et sur les plateaux ferrugineux sont
moins développés et présentent une vitalité bien moins grande
que ceux qui croissent sur les rives des marigots.

Plus on avance vers le sud et plus ce végétal devient commun. Nul doute qu'il ne croisse également sur le bord des
rivières du sud et de leurs affluents. Le Dr Crozat, dans son
voyage au Fouta-Djallon, l'a trouvé partout dans ce pays et en
grande abondance. Il existe de même en grande quantité dans
toutes les régions situées dans la boucle du Niger, dans le pays
de Ségou et dans le Macina. D'après les renseignements que
nous avons pu recueillir sur ce précieux végétal, il ne disparaîtrait complètement que sur les confins du Sahara, au nord,
à l'ouest, sur les limites extrêmes de la zone maritime, et on le
trouverait partout dans les régions méridionales et orientales
du centre Afrique.

Toutes les parties du laré donnent un suc abondant. A part
quelques ficus, c'est peut-être au Sénégal et au Soudan le
végétal qui donne la plus grande quantité de latex. En outre,
ce latex donne un caoutchouc qui nous semble le meilleur de
tous les produits similaires de vahea d'Afrique.

Pour l'extraction, point n'est besoin de procédés particuliers
pour pratiquer les incisions. La simple incision longitudinale
ou transversale laisse écouler de grandes quantités de suc. Les
Pahouins du Gabon extraient le caoutchouc en sectionnant
complètement les lianes. Au bout de chaque fragment se forme

une petite boule de la substance, qu'ils récoltent vingt-quatre heures après. Mais c'est là un procédé barbare, dont le résultat sera de dépeupler rapidement leur pays. Le procédé par la simple incision donne, il est vrai, un rendement bien moins abondant, mais il a pour avantage de conserver au végétal toute sa vitalité, car il ne souffre aucunement des blessures qu'on peut lui faire, si nombreuses qu'elles soient.

En toutes saisons et à n'importe quelle heure du jour le laré donne une grande quantité de latex. L'âge et l'état des végétaux influent peu sur la production. J'ai remarqué toutefois que les individus qui croissaient dans les terrains riches en humus en donnaient beaucoup plus que ceux qui habitaient les terres maigres et les plateaux rocheux et argileux.

Le suc ainsi obtenu a l'aspect d'un blanc parfait. Il ressemble à s'y méprendre à du lait frais. Il renferme une proportion considérable de caoutchouc et poisse fortement les doigts. A l'air libre, il se coagule rapidement par la simple évaporation. C'est assurément de tous les végétaux à caoutchouc celui qui donnera toujours en tous lieux et en tous temps les résultats les plus satisfaisants et surtout les plus rémunérateurs. Il nous souvient avoir entendu raconter par nos camarades ce fait, à savoir que, sur les bords du Tankisso, M. le lieutenant de vaisseau Hourst, commandant la flottille du Niger, avait pu, en un temps relativement court, par les moyens tout primitifs qu'il avait à sa disposition, en récolter des quantités relativement considérables. Cela permet d'augurer que l'exploitation en serait facile et fructueuse.

Le caoutchouc du laré présente, à s'y méprendre, les caractères macroscopiques de celui de l'hevea. Jouit-il des mêmes propriétés? Tout permet de l'espérer. Des échantillons ont été rapportés en France et ont été soumis à l'analyse. Les résultats obtenus en ont été favorablement concluants. Nous ne saurions trop attirer l'attention sur ce précieux végétal, qui, à notre avis, est appelé prochainement à un grand avenir industriel et commercial.

Le *Delbi* est encore une liane de la famille des Apocynées.

Son feuillage rappelle celui du laré ou saba dont nous avons parlé plus haut. Il croît de préférence sur les hauts plateaux et, en bien moins grande quantité, sur les bords des rivières, fleuves et marigots. On le trouve partout au Soudan. Ce sont les peuples de race peulhe qui lui ont donné le seul nom sous lequel nous le connaissions. Il n'acquiert que rarement de grandes dimensions, et son pied a, tout au plus, 6 à 8 centimètres de diamètre. Ses fleurs, blanches, ont à peu de chose près les caractères macroscopiques de celles du laré, et, comme elles, ressemblent à s'y méprendre à celles du jasmin, dont elles rappellent du reste l'odeur. Le fruit est un follicule sec, qui contient environ 25 à 30 graines comprimées. Il est mûr vers la fin de mars. L'aspect maigre et chétif de cette liane ne permet pas de la confondre avec le laré. Comme cette dernière, elle laisse découler à l'incision un suc blanc laiteux, très aqueux, et qui poisse les doigts. Nous serions tenté volontiers de croire que ce n'est autre chose qu'un caoutchouc de mauvaise qualité. Pendant la saison sèche, le suc fait absolument défaut. On n'en trouve que pendant l'hivernage et encore en très petite quantité. Les indigènes du Niocolo notamment se servent des feuilles du delbi pour panser certains ulcères de mauvaise nature. Nous ne voyons pas quelle peut bien être leur action thérapeutique. Cette plante doit être, d'après le professeur Heckel, le *Vahea Heudelotii*, A. D. C.

Le *Bonghi*, ainsi nommé par les peuples de race peulhe, est appelé *Nombo* par les Bambaras et les Malinkés. C'est encore une belle liane de la famille des Apocynées. Elle croît, de préférence, dans les bas-fonds humides, et est très rare. Nous ne l'avons trouvée en grande quantité que dans les environs de Dalafine dans le Tiali; on la rencontre, il est vrai, un peu partout au Soudan, mais elle est partout très clairsemée. Elle acquiert de grandes dimensions, surtout dans les terrains très humides, et elle est facile à reconnaître à son port majestueux et au dôme de verdure qu'elle forme au-dessus des végétaux auxquels elle s'attache. Son feuillage rappelle celui du laré et celui du delbi, mais ses fleurs ne permettent pas de la confondre avec ces deux dernières lianes. Au lieu d'être blanches, elles sont rosées, volumineuses, et leur calice est hypocratéri-morphe. Elle donne à l'incision un suc blanc laiteux, aqueux, et qui poisse légèrement les doigts. Contrairement au delbi, elle en laisse découler en toutes saisons, mais en bien plus grande quantité pendant l'hivernage que pendant la saison sèche. A cette époque de l'année, c'est à peine s'il vient sourdre, peu après l'incision, quelques rares gouttelettes qui se coagulent immédiatement et donnent un produit ayant l'aspect de celui que l'on obtient du laré. Pendant l'hivernage, au contraire, le rendement est bien plus considérable, sans cependant égaler ce que l'on obtient du laré. Les indigènes n'emploient le bonghi à aucun usage. Cette plante, d'après l'opinion du professeur Heckel, serait le *Vahea florida*, F. Mueller.

De même que le caoutchouc, à la côte occidentale d'Afrique, est presque uniquement donné par des végétaux appartenant à la grande famille des Apocynées, de même la gutta-percha n'y est extraite que des essences d'un même échelon botanique, la famille des Sapotacées. Les guttas ayant une autre origine sont généralement peu commerciales et de qualités inférieures.

La question de la gutta est aujourd'hui absolument capitale en France. Jusqu'à ce jour elle a été uniquement donnée par un végétal de la famille des Sapotacées, l'*Isonandra-gutta*. Cet arbre croît dans les forêts de la presqu'île de Malacca et dans les îles voisines : Singapoore, Poulo-Pinang, etc., et sur-tout dans les îles qui forment l'archipel malais, Sumatra, Java, Sumbava, Timor, Bornéo, etc., etc. On ne le trouve pas ail-leurs que dans cette partie du monde. L'isonandra-gutta se développe lentement et on ne peut guère extraire de gutta que des végétaux âgés d'au moins vingt années. Le procédé le plus généralement employé dans toutes ces régions pour se procurer ce précieux produit est l'abatage. Les arbres étant parvenus à une grosseur suffisante sont coupés au pied ; puis on pratique sur le tronc, à la distance de 40 à 50 centimètres, des incisions annulaires dont la profondeur ne dépasse pas l'épaisseur de l'écorce. On place alors sous chaque incision un récipient quelconque pour recevoir le suc. Si l'on songe que la production d'un arbre âgé de cent ans ne dépasse pas 18 kilogrammes et qu'en moyenne il faut abattre environ dix arbres pour obtenir 7 à 8 kilogrammes; si, de plus, l'on considère que, chaque jour, la consommation et les besoins augmentent dans d'énormes proportions, on comprendra aisément que, par ce procédé brutal, la destruction des forêts devait être la conclusion fatale et la conséquence inévitable. « Or, écrivait un auteur technique il y a quelques années, quelque rapide que soit la végétation dans les contrées tropicales, quelque rapide que puisse être la multiplication de l'isonandra-gutta, il n'est guère possible de penser que de telles pertes puissent être réparées, et il semble certain que, dans un avenir peu éloigné, la gutta-percha deviendra d'abord rare et plus tard manquera peut-être aux nombreuses industries qui en tirent aujourd'hui un utile parti. » Ce fut pour entraver cette rapide destruction que l'on imagina le procédé d'extraction par incision, analogue à celui que l'on emploie pour le caoutchouc. Mais l'écoulement par les incisions se fait très difficilement, en sorte que, les bénéfices des travailleurs baissant considérablement, on en est revenu au procédé par abatage. C'est actuellement en Malaisie le seul en usage.

Ce qui avait été prédit jadis est aujourd'hui un fait accompli et la gutta de l'isonandra se fait de jour en jour plus rare sur nos marchés européens. De plus, nous sommes, sous ce rapport, absolument tributaires des Anglais, et jusqu'à ce jour rien n'avait été fait pour tenter d'en découvrir des sources de production nouvelles. En 1891, à la suite d'un article paru, sous la signature de M. le professeur Heckel, dans le *Petit Marseillais*, et traitant de la rareté et de la disparition prochaine de la gutta des îles de la Sonde, article qui amena la réunion à Paris d'une conférence technique à laquelle prit part son auteur, dont la mission était de rechercher le remède à apporter à une situation menaçante pour une branche primordiale de l'industrie française, le gouvernement, sur sa proposition, décida que des missions scientifiques seraient envoyées dans nos principales colonies, en Cochinchine, au Soudan français, à la Guyane pour y rechercher des végétaux similaires de l'isonandra susceptibles d'être immédiatement exploitables. Le long séjour que j'avais fait au Soudan français et les différentes missions dont j'y avais été chargé me firent choisir par M. le sous-secrétaire d'État des colonies pour explorer à ce point de vue nos possessions africaines de cette région. Je devais particulièrement étudier le *Karité (Butyrospermum Parkii*, Kotschy), sapotacée qui donnait une gutta qui semblait pouvoir être utilisée, et rechercher d'autres végétaux susceptibles d'être exploités. Ce sont les résultats que j'ai obtenus que je vais exposer dans ce qui suit.

En même temps, M. le pharmacien de 2ᵉ classe des colonies Geoffroy, licencié ès sciences naturelles, fut chargé d'aller à la Guyane étudier le *Mimusops Balata,* Gœrtn, Sapotacées. Ce vaillant est mort dernièrement, à la suite des fatigues de sa mission accomplie au Maroni avec le plus grand dévouement et le plus grand succès. De son côté, la direction générale des postes et télégraphes envoyait en Cochinchine M. Sérullas pour y faire des recherches analogues sur d'autres végétaux similaires. M. Sérullas réussit pleinement et découvrit même un procédé d'extraction nouveau, dont il fut beaucoup parlé, il y a quelques années, mais qui, je crois, n'est pas encore passé dans la pratique courante. Voici à ce sujet ce que publiait, le 28 novembre 1891, la *Revue scientifique :* « On a beaucoup parlé de la nécessité de mettre un terme à la destruction des forêts d'*Isonandra-gutta* par les Malais, si l'on ne veut que d'ici à un temps peu éloigné la gutta ne soit plus qu'un souvenir. Mais comment empêcher des barbares, qui vivent indépendants ou ne reconnaissent la suzeraineté d'un état civilisé qu'à peu près nominalement, de continuer à suivre leurs usages destructeurs et d'abattre sans merci les arbres précieux que la nature met un siècle à faire, pour recueillir de leur précieux produit la fraction dérisoire qu'un botaniste anglais, M. Wray, évalue à un trente-septième ?

» M. Sérullas, qui a retrouvé l'*Isonandra-gutta* dans l'île de Singapoore, où l'on croyait l'espèce éteinte, a cherché la solution dans une exploitation rationnelle de l'arbre par les Européens, complétée par des procédés scientifiques d'extraction de la gutta. L'abatage des arbres ferait place à des émondages périodiques des feuilles et des jets, et ce serait de ceux-ci que se ferait l'extraction. La manutention qu'on leur ferait subir à cet effet consisterait, d'après l'*Électricien*, à les hacher finement et à les traiter par un acide dont la composition reste le secret de M. Sérullas, jusqu'à obtention d'un liquide rouge-brunâtre. Ce liquide, mis avec un peu d'eau dans un alambic, est soumis à la distillation sous la température douce d'un bain de vapeur prolongé pendant une demi-heure seulement. Ce temps suffit à l'élimination de l'acide, et la gutta-percha reste dans l'alambic comme résidu.

» Les feuilles et les jets ainsi traités fourniraient en gutta 2 0/0 de leur poids. C'est beaucoup, si l'on considère que le procédé barbare des indigènes ne donne en gutta, suivant les calculs de M. Wray, que 5 0/0 du poids de l'écorce de l'arbre abattu. » (*Revue scientifique*, 28 novembre 1891.)

Bien que ce qui précède soit un peu en dehors de l'objet tout spécial de ce mémoire, nous avons cru devoir le rapporter ici pour bien montrer au lecteur combien est importante aujourd'hui la question de la gutta-percha. Mais revenons à notre sujet. Nous disions en commençant ce paragraphe que la gutta-percha était au Soudan français et dans toute l'Afrique centrale donnée par des végétaux appartenant à la famille des Sapotacées. Le plus important est, sans contredit, le *Karité*.

Le *Karité* ou *Shée* (*Butyrospermum Parkii*, Kotschy) est un arbre qui atteint des proportions fort respectables et qui est assez commun au Soudan français. Il appartient à la famille des Sapotacées. Tige droite, cylindrique, feuillage vert sombre, feuilles verticillées à l'extrémité des jeunes rameaux qui se terminent par un bourgeon caractéristique. Fleurs anisostémonées, gamopétales hypogynes, étamines en nombre multiple, ovaire à fleurs uniovulées — fleurs toujours hermaphrodites —

périsperme charnu. Le fruit est une drupe. La pulpe de ce fruit est fort appréciée de tous, Européens et indigènes, quand il est mûr. Mage, le Dr Bayol, le colonel Gallieni, Binger en parlent avec le plus grand bien dans leurs relations de voyages. Nous-même avons pu nous en assurer fréquemment pendant nos différents séjours au Soudan. Son écorce noirâtre, la couleur rougeâtre de son bois quand on le sectionne et le latex qui découle des incisions qu'on y pratique ne peuvent permettre aucun doute à son sujet.

Il existe au Soudan deux variétés de karités qu'il importe de ne pas confondre, le *Shée* et le *Mana*. Le shée, de beaucoup le plus commun, se distingue assez difficilement du mana à première vue. Cependant, un caractère tout particulier, très visible à l'œil le moins exercé permettra de ne pas commettre d'erreur. *L'écorce du shée est noirâtre, tandis que celle du mana est blanchâtre.* De plus, et c'est là le caractère distinctif, capital et sur lequel nous insisterons le plus : *Le shée, à l'incision, laisse couler un suc blanc laiteux, relativement abondant, tandis que le mana n'en a pas, en quelque saison et en quelque circonstance que ce soit qu'on opère.* Le fruit de tous les deux donne un beurre végétal que les indigènes utilisent pour la cuisine et pour panser les plaies, et dont nous avons déjà parlé dans le cours de ce Mémoire.

Le shée, de même que le mana, du reste, se développe très lentement, et c'est à peine si, au bout de vingt années environ, son tronc acquiert un diamètre d'une vingtaine de centimètres.

On trouve le karité, d'une façon générale, dans tout le Soudan français. Disons tout d'abord que le shée est de beaucoup le plus commun. On ne trouve guère le mana que dans les régions du sud de la colonie, et encore y est-il assez rare. Le karité habite, de préférence, les terrains à latérite et les terrains à roches ferrugineuses. Il est rare d'en trouver dans les argiles compactes. Nous avons à ce point de vue remarqué que le mana affectionnait surtout ces derniers terrains, tandis que les premiers étaient particulièrement aimés du shée. On

ne trouve jamais, disons plutôt que très rarement, l'une et
l'autre espèce sur les bords des marigots, des fleuves et des
rivières. Elles fuient tout particulièrement les terrains vaseux
et marécageux. On rencontre, en résumé, le shée sur les
plateaux ferrugineux, dans les terrains à latérite et sur le
versant des collines formées de grès, quartz et conglomérats.
Il n'est pas rare de voir de beaux échantillons se développer
parfois vigoureusement où la terre végétale semble faire absolument défaut. En général, les karités qui poussent dans ces
endroits atteignent de faibles proportions et affectent des
formes bizarres, qui frappent par leur étrangeté et leur mons-
trueux aspect. Les karités qui se développent, au contraire,
dans les terrains riches en latérite sont de beaux végétaux à
tiges absolument droites et à ramures et feuillages bien fournis.
Ces quelques remarques s'appliquent d'une façon régulière à
tous ces végétaux.

De ce que nous venons de dire de son habitat, il est facile de
conclure quelle peut être l'aire d'extension de ce végétal.

Quoi qu'on en ait pu dire et quoi qu'on en puisse dire
encore, nous ne craignons pas d'affirmer que le karité est très
abondant au Soudan français. On ne le rencontre, il est vrai,
nulle part en forêts compactes, et dans les régions où nous
l'avons vu le plus abondant, le Niocolo, par exemple, les pieds
sont toujours distants les uns des autres de cinquante à soixante
mètres environ. Ils n'en sont pas moins fort nombreux et nous
estimons qu'il y en a partout une quantité suffisante pour
donner lieu à une exploitation rémunératrice. Nous croyons,
en outre, qu'il serait très facile d'arriver à développer considérablement ce végétal par les semis et la culture. Ce résultat
pourrait même s'obtenir sans cela, si on pouvait arriver à
empêcher les indigènes d'incendier, chaque année, la brousse
pour défricher les terrains qu'ils destinent à la culture. Ces
incendies ont, en effet, pour résultat, au point de vue tout
spécial qui nous occupe, de détruire en grand nombre les jeunes
pieds de karité et même ceux qui n'offrent pas une résistance
suffisante. Mais aussi, hâtons-nous de dire que, chez les peuples

du Soudan, la routine a une telle puissance qu'il sera, de longues années, impossible de leur faire comprendre tout l'intérêt qu'ils ont à multiplier ce végétal et à le cultiver. On arrivera difficilement à persuader au noir qu'il aurait grand intérêt à planter et à semer tout autre végétal que ceux qui lui donnent un rendement immédiat.

On ne trouve le karité ni dans le *Baol,* ni dans le *Saloum,* ni dans le *Sine,* le *Fouta,* le *Ouli,* le *Sandougou,* le *Niani,* le *Oualo,* le *Rip,* le *Badibou,* le *Djoloff,* le *Ferlo,* le *Bondou,* le *Cayor* et le *pays des Maures,* c'est-à-dire dans tous les pays où le sol est formé de sables ou de terrains argileux. On ne le trouve pas non plus dans la zone maritime. De la côte au 14° environ de longitude ouest, il fait absolument défaut. Encore à partir de là, la ligne qui sépare les deux zones suit-elle une courbe que nous allons essayer de décrire. Nous ne nous occuperons pas ici de la région située au nord du Sénégal. Nous ne l'avons jamais visitée, et, à ce sujet, nous n'avons pu obtenir que des renseignements absolument contradictoires. En remontant le fleuve le Sénégal, et en suivant la ligne ferrée de Kayes à Bafoulabé, nous trouvons les premiers karités aux environs du village de Diamou, environ vers le kilomètre 58 de la ligne. Nous prendrons ce point comme départ de notre ligne de démarcation. De là, notre ligne se dirigerait vers l'ouest-sud-ouest et atteindrait la Falémé au village de Bountou environ. Au sud de cette ligne, nous trouvons des karités et au nord pas. De Bountou, elle suivrait à peu près la frontière sud du Tiali par Coufadou, Dianna, Safalou et aboutirait au confluent du Niéri-Ko et de la Gambie. De là, elle suivrait la Gambie jusqu'aux environs de la rivière Grey et se dirigerait directement au sud. Tous les pays situés au nord, nord-ouest, ouest et sud-ouest de cette ligne ne possèdent aucun karité. Tous les pays à l'est, au contraire, en contiennent en quantité. Le *Tenda,* le *Gamon,* le *Damantan,* le *Coniaguié,* tout le *Fouta-Djallon,* le *Niocolo,* le *Kolladé,* le *Dentilia,* le *Bambouck,* le *Konkodougou* entiers en sont tous couverts. Partout à l'est de cette ligne on en trouve des quantités. Parmi les régions où ce végétal est le plus commun, nous citerons particulièrement le *Tenda*, le *Coniaguié*, le *Bassaré*, le *Damantan*, le *Niocolo*, le *Dentilia*, le *Konkodougou*, le *Manding*, le *Bélédougou* (grand et petit) le *pays de Ségou*. A l'est du Niger il y en aurait aussi beaucoup dans les états de Samory, les états de Tiéba, etc., etc. Binger le cite fréquemment dans la relation de son voyage, comme un des végétaux les plus communs des pays qu'il a explorés. De même, Mage pour le Ségou, Quiquandon pour le Kénédougou et tous les officiers de la colonne du colonel Humbert que j'ai pu interroger à ce sujet, pour les pays compris entre le Niger et Kérouané, point extrème où nos colonnes s'étaient avancées dans cette région à l'époque à laquelle nous écrivions ce Mémoire. En résumé, au Soudan français, les karités n'apparaissent, en allant de l'ouest à l'est, que vers le 15°10' de longitude ouest point extrème, et dans le Tenda, du nord au sud, que vers le 16°22' de latitude nord. Au sud, nous ne pouvons guère fixer que la limite extrème. Mais nous croyons toutefois qu'on ne trouve pas les espèces shée et mana au-dessous de la latitude de la Mellacorée. Nous croyons cependant que l'on en doit trouver dans toutes les régions orientales de l'Afrique centrale, et ce qui nous permettrait de le dire, c'est que Schweinfurth en a reconnu l'existence jusqu'en Abyssinie. Quoi qu'il en soit, ce qui doit surtout nous intéresser, c'est qu'on en trouve partout au Soudan français dans les limites que nous venons de décrire. Ce point était important à établir.

Si l'on pratique des incisions intéressant toute l'épaisseur du karité, on verra s'écouler un suc blanc laiteux. Ce suc, coagulé, donne de la gutta-percha. On a cru pendant longtemps que le produit ainsi obtenu était du caoutchouc. Les travaux de M. le professeur Heckel, de Marseille, ne peuvent laisser subsister aucun doute à ce sujet. Nous croyons qu'il n'était guère facile cependant de s'y tromper, lors même qu'on ne s'en serait uniquement tenu qu'à un examen attentif de ses caractères macroscopiques.

On ne peut songer à user pour le karité du procédé de l'abatage. Ce végétal disparaîtrait rapidement. Nous estimons

8

que l'incision est de beaucoup préférable. D'abord parce qu'elle donne moins de travail et, en second lieu, parce que, si nombreuses qu'elles soient sur un même végétal, il n'en souffre pas. Nous avons pu constater, en effet, que des karités auxquels les indigènes avaient antérieurement fait d'énormes blessures n'en avaient pas souffert et conservaient toute leur vitalité. Il résulte des nombreuses expériences auxquelles nous nous sommes livré, que l'incision longitudinale parallèle à l'axe du tronc ou du rameau ne donnait pas de résultats satisfaisants, de même, du reste, que la simple incision faite perpendiculairement à l'axe. L'écoulement de suc produit dans les deux cas est, en toutes circonstances, peu abondant. A force de tâtonnements nous sommes arrivé à trouver deux modes d'incisions qui paraissent atteindre le but que l'on se propose. La première consiste à faire à la hache pour les grosses billes, au couteau pour les jeunes rameaux, deux incisions inclinées et se réunissant à la base en forme de V, puis pratiquer au point de jonction de ces deux incisions une troisième assez large, une sorte de lèvre qui les réunisse. Le suc qui coule des deux premières incisions se collecte dans la troisième, où on le récolte. Le second procédé consiste à inciser simplement l'écorce perpendiculairement à l'axe, en forme de lèvre. Cette dernière incision a le désavantage de donner un rendement plus faible que les deux premières.

Quel que soit, du reste, le procédé employé, le rendement est toujours peu abondant. Ainsi, nous estimons tout au plus à 500 grammes la production d'un arbre arrivé à son complet développement, et encore, en pratiquant environ une dizaine d'incisions sur toutes les parties de l'arbre et aux époques les plus favorables.

Le rendement obtenu diffère suivant les saisons, les heures du jour où on pratique les incisions, l'âge et l'état des végétaux et les régions où ils habitent.

Répétons tout d'abord qu'en aucune saison les manas ne donnent de latex. Il ne faut donc s'adresser uniquement qu'aux shées. C'est pendant l'hivernage, et à l'époque de la floraison, que le rendement est le plus considérable, c'est-à-dire de la fin de juin au commencement de février. Pendant la saison sèche, du mois de février au mois de juin surtout, il ne faut pas compter faire une récolte abondante. Cela tient sans doute à ce que, à cette époque de l'année, se font le plus sentir les vents secs de nord-est et d'est. Selon toutes probabilités, ces vents brûlants favorisent et excitent au plus haut degré l'évaporation de l'eau du latex et rendent ainsi l'écoulement moins abondant et pour ainsi dire nul.

D'après les observations auxquelles nous nous sommes livré, il résulterait que le rendement serait bien plus faible pendant la journée que le soir, le matin et pendant la nuit. C'est surtout pendant la nuit, de huit heures du soir à sept heures du matin, que ces opérations doivent être faites. Nous avons pu constater que des végétaux qui, saignés à deux heures de l'après-midi, ne nous donnaient qu'une récolte insignifiante, produisaient, au contraire, un suc abondant pendant la nuit. Dans ces deux cas, le rendement est, pendant la saison sèche à celui de l'hivernage, comme un est à quinze, et pendant le jour à celui de la nuit, du matin ou du soir, comme un est à dix. L'explication que nous avons donnée de ces différences, au sujet des saisons, peut parfaitement s'appliquer aussi aux différences de rendement observées pendant le jour et la nuit. Un fait que nous avons pu également enregistrer est le suivant : le rendement est bien plus faible pendant les nuits où soufflent les vents secs de nord-est et d'est que pendant celles où se font sentir les vents humides du sud et du sud-ouest.

L'âge des végétaux influe aussi sensiblement sur le rendement en suc. Il ne faut pas s'attaquer aux végétaux trop jeunes pour plusieurs raisons importantes. Trop jeune, le karité ne supporterait pas aussi bien les blessures faites par les incisions et alors la destruction de l'arbre serait aussi rapide que par le procédé de l'abatage. De plus, le rendement est bien moins abondant, et le suc contient une proportion d'eau bien plus considérable, à tel point qu'il se coagule difficilement par l'évaporation, qui est pourtant très rapide dans ces régions, surtout par vent d'est. Enfin ce produit obtenu ne m'a pas paru aussi bon que celui que donnent les végétaux plus âgés.

Il ne faut non plus opérer sur des individus trop âgés. Dans ce cas, les incisions sont plus difficiles à pratiquer, car on a affaire à des billes de bois souvent très volumineuses. Nous avons vu dans le Niocolo, le Dentilia et le Konkodougou notamment, des végétaux dont le diamètre du tronc atteignait aisément quarante et cinquante centimètres. Enfin, le rendement est peu abondant, peu rémunérateur et demande un travail plus grand. L'écorce du karité, surtout chez les végétaux âgés, est exclusivement épaisse, il ne faut l'oublier; de plus, le suc est relativement en quantités minimes et, sur les grosses billes, c'est à peine si, après avoir normalement et profondément incisé, on voit sourdre quelques gouttelettes qui se coagulent aussitôt.

D'après ce que nous venons de dire, nous croyons qu'il serait bien plus profitable de n'opérer que sur des végétaux d'âge moyen et arrivés à complet développement. Là, on trouve un suc relativement abondant, se coagulant aisément par l'évaporation, et donnant un rendement en gutta bien plus considérable que dans les deux autres cas. De plus, point capital, en aucune circonstance, l'arbre ne souffre des incisions, si nombreuses qu'elles puissent être.

L'état des végétaux n'est pas non plus sans avoir une grande influence sur le rendement. Nous avons pratiqué de nombreuses incisions sur toutes sortes de karités, et voici quel a été le résultat de nos observations. Les végétaux qui nous ont donné les résultats les plus satisfaisants ont toujours été ceux qui étaient absolument sains, ceux qui étaient les plus vigoureux. Hâtons-nous de dire cependant que, sur les végétaux portant déjà de grandes cicatrices de blessures anciennes, nous avons également bien réussi en incisant les bourrelets d'écorce qui se forment autour des blessures. De même, on rencontre fréquemment des karités dont le tronc semble absolument mort. Les rameaux principaux ont disparu, et, à leur place, à un endroit quelconque de la bille, a poussé un rameau que j'appellerais volontiers de seconde végétation. Eh bien! si on incise le tronc, on n'aura qu'un rendement absolument insignifiant, tandis que, si l'on opère sur le rameau, le rendement est tout au moins normal. Quoi qu'il en soit, en général, il faut surtout s'adresser aux végétaux sains. D'après les renseignements que m'ont donnés les indigènes, les rameaux de second ordre dont nous avons parlé plus haut ne porteraient jamais ni fleurs ni fruits et ne se développeraient que péniblement et lentement. Malgré cela, je le répète, ils donnent un rendement suffisant. Il y aurait donc lieu de ne pas les négliger.

La région influe peu sur la production du suc. Toutefois, nous tenons à signaler ce fait que le rendement nous a semblé plus considérable chez les karités qui se trouvent sur les plateaux et sur les versants des collines que chez ceux qui vivent dans les vallées. Ceci mérite explication. Nous voulons dire que le rendement en gutta extraite est plus abondant chez les premiers que chez les seconds. Ceux-ci donnent peut-être un suc plus abondant; mais il nous a paru contenir une plus grande proportion d'eau.

La nature du terrain influe aussi beaucoup sur la production. Les karités réellement riches en gutta sont ceux qui croissent dans les terrains ferrugineux dont la latérite forme la base. Les quelques échantillons que l'on trouve dans les terrains argileux marécageux et sur le bord des marigots sont peut-être plus riches en latex, mais ils sont assurément plus pauvres en gutta. Nous citerons à ce propos un fait que nous ne saurions expliquer; c'est que les karités qui nous ont paru les plus propres à être exploités et être ceux qui donnent le rendement le plus considérable, sont ceux qui croissent sur le flanc des collines, entre les rochers, où la terre végétale fait parfois complètement défaut.

Si de ce que nous venons de dire nous voulons tirer quelques conclusions pratiques, nous pourrons, en terminant ce chapitre, établir les règles suivantes :

Pour extraire la gutta-percha du karité, il sera bon d'opérer sur des individus sains, d'âge moyen, croissant de préférence dans un terrain ferrugineux à latérite. Le procédé à employer sera l'incision soit en forme de V dont les branches seront réunies à leur point de jonction par une troisième incision en forme de lèvres, soit la simple incision en forme de lèvres. Elles devront être pratiquées sur le tronc et les rameaux du végétal, et faites le soir vers huit heures. On laissera couler pendant toute la nuit, et la récolte sera faite vers sept heures du matin. Il sera préférable de pratiquer l'exploitation à la saison des pluies ou à l'époque de la floraison, de la fin de juin au commencement de février.

Nous terminerons ce chapitre en exposant sur quelles parties du végétal doivent porter autant que possible les incisions afin d'obtenir un résultat favorable.

En principe, toutes les parties du karité laissent écouler du suc; mais en plus ou moins grande quantité. Le tronc donne le rendement le plus faible, surtout pendant la saison sèche. Les rameaux, et particulièrement les jeunes, sont relativement les plus riches. Il en est de même des racines et de la pulpe du fruit. Les feuilles en contiennent également. Il serait intéressant, à ce propos, de rechercher si, par le procédé préconisé par M. Sérullas, et dont nous avons parlé plus haut, on obtiendrait avec les feuilles du karité les résultats qu'il a obtenus pour les feuilles et les jeunes tiges de l'isonandra. D'après ce qui précède, il est facile de conclure que les incisions devront porter, de préférence, sur les rameaux; mais nous ne voulons pas dire par là que les tiges doivent être négligées. Bien loin de là, elles doivent être, au contraire, incisées avec le même soin que les autres parties du végétal.

Le liquide ainsi obtenu est un suc d'un blanc laiteux, sirupeux. Il ne coule pas en grande quantité, et la production varie, comme nous l'avons exposé plus haut, dans maintes circonstances. Quoi qu'il en soit, cette production est toujours très faible. Cela tient beaucoup à ce que, l'évaporation étant excessivement active, la coagulation se fait presque immédiatement après l'apparition de la goutte. L'orifice produit par la section des canaux producteurs est alors presque de suite

obstrué. Cela nous amène évidemment à indiquer le procédé
d'extraction le plus pratique. Après ce que nous avons dit
plus haut à ce sujet, nous estimons qu'il serait plus profitable
de pratiquer les incisions d'abord sur un grand nombre de
végétaux à la fois que sur un seul isolément. On laissera le
suc s'échapper à l'air libre; il se coagulera, et, le lendemain ou
même simplement quelques heures après, on procédera à la
récolte de la gutta ainsi coagulée. C'est, du reste, le procédé
employé par les Pahouins, au Gabon, pour la récolte du
caoutchouc, et il donne de très bons résultats.

Répandu sur les doigts, ce suc les poisse et les rend collants.
On ne peut guère alors s'en débarrasser que par le raclage.
Son odeur est légèrement vireuse et sa saveur celle que l'on
peut avoir en mâchant des feuilles vertes de peuplier. Il se
coagule rapidement sous l'action de la chaleur solaire et par
évaporation. De même sa coagulation se fait vivement à l'aide
des acides (acide acétique surtout), éthers et alcools. Mais,
pour l'extraction, je le répète, point n'est besoin de se servir
des acides, l'évaporation suffit. Les noirs s'en servent simplement, parfois, pour panser des ulcères de mauvaise nature. Ils
se contentent de l'étendre sur la plaie. Il ne joue là que le rôle
de corps isolant, absolument comme ce topique auquel on a
donné le nom de *traumaticine,* et qui n'est autre chose que de
la gutta-percha dissoute dans du chloroforme.

Le coagulum ainsi obtenu est de la gutta. Si on laisse
l'évaporation se faire sur l'arbre lui-même, il est brun rougeâtre,
et, sous une masse assez épaisse, il prend la couleur noir chocolat très foncée. Cette coloration est due, croyons-nous, aux
matières colorantes que contient l'écorce du karité. Obtenu, au
contraire, dans un vase à l'air libre, il se présente sous l'aspect
d'une masse de couleur blanchâtre, légèrement teintée de rose.
Vue sous une faible épaisseur, la gutta est absolument opaque.
Réduit en boule et pétri, le coagulum, obtenu comme nous
venons de le dire, donne au palper la sensation d'un corps
gras.

Nous croyons, en effet, que la gutta du karité n'est pas

absolument pure et doit contenir des matières grasses en quantité relativement considérable.

L'exploitation des karités au Soudan français, au point de vue de la gutta, pourra-t-elle se faire dans des conditions assez peu onéreuses et surtout rémunératrices? Car il convient de ne pas perdre de vue que cette question de la gutta est absolument capitale pour plusieurs branches importantes de notre industrie nationale. Le jour est peut-être plus proche qu'on ne le pense où l'isonandra aura complètement disparu. Il faudra alors demander ce précieux produit au karité et aux autres végétaux similaires de la famille des Sapotacées, quitte à le débarrasser de ses impuretés, à moins toutefois que d'ici là le problème ne soit résolu par la chimie. Nous ne craignons pas tout d'abord de dire qu'au point de vue de l'extraction, on se heurtera à de grandes difficultés matérielles. Il ne faut pas oublier que les régions où l'on trouve le karité en Afrique sont fort éloignées de la côte. Le plus grand obstacle que l'on aura en premier lieu à surmonter sera donc celui que présentent les moyens de transport. Les dépenses qu'il y aura à faire pour amener la substance à la côte ou même simplement à un point quelconque où le transport pourra se faire plus économiquement, soit par eau, soit à l'aide d'animaux, soit par voie ferrée, quintupleront au moins sa valeur intrinsèque, et le prix de revient en sera de ce fait remarquablement élevé. En second lieu, par qui faire exploiter? Les habitants des pays de production le pourraient évidemment, mais il y aura là à lutter contre la routine, l'inertie si connue des noirs. Il faudra bien des années pour arriver à leur faire comprendre tout l'avantage qu'ils pourraient avoir à se livrer à cette industrie. Cela n'est pas dans leurs habitudes, et il est bien difficile de leur en faire prendre de nouvelles. Faire exploiter par des Européens, il n'y faut pas songer. Il en est bien peu qui résisteraient à l'influence pernicieuse du climat. Le mieux, croyons-nous, en ce qui concerne la côte occidentale d'Afrique serait de dresser à ce travail des indigènes de Saint-Louis, Dakar, Rufisque, Gorée, des Ouolofs. Ils y arriveraient rapidement et pourraient aisément, sous la direction de quelques contremaîtres blancs ou mulâtres, enseigner aux indigènes du pays les procédés d'extraction. Mais le meilleur remède serait encore d'introduire, de multiplier, de cultiver les végétaux à gutta dans toutes celles de nos colonies tropicales où ils seraient susceptibles de s'acclimater et de prospérer. L'objection qui me fut faite un jour que j'exprimais ce desiratum au sujet du karité, à savoir « qu'on ne voyait pas l'utilité de cette propagation, puisqu'on trouvait ce végétal au Soudan », ne me paraît même pas digne d'être discutée. Sans doute, les résultats ne seront pas immédiats. Il faudra des années avant que l'on puisse récolter le fruit de son travail. Mais, comme je l'écrivais dernièrement dans mon mémoire *La France en Gambie*, « l'égoïsme contemporain ne saurait trouver place dans les questions si importantes de colonisation et de commerce d'outre-mer. » Il convient de songer à l'avenir et, par une négligence coupable, de ne pas, dans un temps plus ou moins lointain, laisser péricliter, au profit de nos voisins, notre industrie nationale. C'est là une œuvre non seulement de première nécessité, mais encore éminemment patriotique. Faisons donc tous nos efforts pour que ceux qui viendront après nous ne nous adressent pas le reproche amer de ne pas avoir su interpréter dans son sens le plus large et vraiment humanitaire ce beau vers du poète :

Insere, Daphni, piros; carpent tua poma nepotes.

Il existe encore au Soudan, paraît-il, mais en très petites quantités, vers Siguiri et Kangaba surtout, et dans le nord des états de Samory, un autre végétal qui donne de la gutta-percha. C'est encore une Sapotacée, l'*Achras Sapota*, L. *(Sapotillier)*. C'est un bel arbre à feuilles entières alternes; fleurs blanchâtres; calice et corolle à six divisions. Douze étamines dont six stériles. Ovaire supère, pluriloculaire. Fruit charnu très délicat à épiderme grisâtre. Graines noirâtres. Elles passent pour être diurétiques. On sait depuis longtemps que le latex du sapotillier donne par évaporation de la gutta-percha. Mais on ignorait qu'il en existât au Soudan. Les indigènes qui apportaient ce produit à la côte se le voyaient régulièrement refuser par les négociants, comme étant un caoutchouc de mauvaise qualité. Le hasard fit qu'un jour un échantillon tomba entre les mains d'un pharmacien de la marine (¹) qui l'analysa. Le résultat de cette analyse fut que le produit dont il s'agissait n'était nullement du caoutchouc, mais bien de la gutta-percha. Je dois dire ici que nulle part dans le bassin de la Gambie, ni dans aucune des autres parties du Soudan français que j'ai visitées, je n'ai rencontré de sapotillier. Je dirai plus, c'est qu'à Kayes notamment, ce végétal est loin de prospérer. Je me souviens, en effet, que mon bon camarade, M. Louisy, commissaire adjoint des colonies, créole des Antilles et grand amateur de ce fruit, en avait fait des essais de culture. Aucun des individus qu'il avait obtenus par semis ne vécut en pleine terre, malgré les soins attentifs dont il les entoura. Jusqu'à plus ample informé, nous ne pouvons donc citer l'achras sapota que sous toutes réserves. Comme ce végétal ressemble beaucoup au karité et qu'à cette époque le professeur Heckel n'avait pas encore publié dans la *Nature* son mémoire sur la gutta donnée par cette dernière sapotacée, il a pu parfaitement se faire que l'on ait confondu et que l'on ait pris l'un pour l'autre. Nous croyons toutefois que, vu la nature du climat des régions moyennes et méridionales de la boucle du Niger, il serait possible d'y introduire le sapotillier et de l'y cultiver.

VIII. — Végétaux donnant de la gomme et de la résine.

Nous ne nous occuperons pas ici d'une façon complète de cette question si importante de la gomme. Cette étude ne rentrerait pas dans le cadre de notre travail. Nous nous contenterons donc de parler simplement des quelques végétaux

(¹) Cet échantillon fut remis en notre présence, en 1885, à M. le Dr Castaing, alors pharmacien de première classse de la marine, par mon excellent ami M. Beynis, agent général, à Saint-Louis, de la Maison Maurel et Prom. Autant que je puisse me le rappeler, il avait les caractères macroscopiques de la gutta du karité.

qui donnent cette précieuse substance et que l'on peut rencontrer dans le bassin de la Gambie. D'une façon générale, d'ailleurs, les variétés d'acacias qui donnent de la gomme sont peu abondantes dans toute cette région. On n'en trouve guère que dans sa partie la plus septentrionale, dans le Kalonkadougou, le Bondou, le Ferlo-Bondou, le Gamon, le Tenda, le Dentilia et le Badon, et encore leurs produits sont-ils peu commerciaux.

L'*Acacia Verek,* Guill. et Perr., Légumineuse mimosée, qui donne la gomme de meilleure qualité, est très rare. On ne le trouve que dans le Bondou, le Ferlo, le Ferlo-Bondou et le Kalonkadougou, et encore les individus produisent-ils si peu que les indigènes ne s'en occupent même pas. C'est un petit arbre à rameaux pâles, glabres. Feuilles alternes, biparipennées, stipulées, composées; fleurs disposées en épis. Calice gamosépale, corolle à cinq divisions alternes et libres. Étamines nombreuses en nombre variable. Anthères biloculaires, introrses. Ovaire supère, uniloculaire, pluriovulé (huit ou dix ovules). Style terminal. Le fruit est une gousse s'ouvrant en deux valves et renfermant cinq ou six graines à peu près rondes.

L'*Acacia tomentosa,* Wild. (Neb-Neb des Ouolofs) se distingue du précédent par son fruit surtout. C'est comme celui du précédent une gousse, mais, quand il est arrivé à maturité, il est couvert d'un duvet abondant. De plus, les ramuscules et les pétioles sont pubescents. On le trouve presque uniquement dans le Bondou et le Ferlo-Bondou.

L'*Acacia Seyal,* Del. est un arbre de moyenne taille. Écorce brun rougeâtre ou blanc laiteux. Les rameaux sont munis de grandes épines d'un blanc laiteux. Feuilles glabres longuement pétiolées. Deux épines à la base du pétiole. Pétioles secondaires portant de huit à vingt paires de folioles. Fleurs en capitules pédonculés. Pétales plus longs que le calice. Le fruit est une gousse falciforme. On le rencontre particulièrement dans le Kalonkadougou, le Gamon et le Badon. Il donne une gomme de qualité inférieure.

L'*Acacia astringens*, Cunning, ou *Adansonii*, Guill. et Perr.
(Gonakié) est un arbre de 10 à 12 mètres de hauteur, très
commun dans toute la partie nord du bassin de la Gambie.
Il donne une gomme dite *gomme de gonakié*, rouge, et qui
est peu estimée dans le commerce. Il en est de même de la
gomme du *Khadd* (*Acacia albicans*, Kunth.) et de celle des
acacias Néboueb et *fasciculata*. Ces deux dernières variétés
se rencontrent surtout dans le Gamon, le Badon et le sud du
Bondou. La première est surtout commune dans le Dentilia et
le Tenda.

Gomme de Kellé. — Il existe encore dans le Bondou notamment, le Bambouck et les pays avoisinants, un sorte de gomme
que les Toucouleurs nomment *Kellé*, et les Malinkés *Kelli*.
D'après les renseignements que nous avons pu nous procurer
à son sujet, ce ne serait pas, à proprement parler, une gomme
véritable. Ses caractères la rapprocheraient davantage de la
gutta-percha. Il nous a été impossible de nous en procurer.
Les indigènes lui attribuent, en effet, des propriétés remarquables. D'après eux, tout noir qui posséderait dans sa case un
fragment de kellé serait assuré de voir tout lui réussir et
d'acquérir une grosse fortune. Aussi, quand ils en possèdent,
ils la cachent précieusement, avec un soin jaloux. De même,
quand ils connaissent l'existence quelque part d'un échantillon
du végétal qui la produit, ils se gardent bien d'en faire part à
qui que ce soit. Je n'ai jamais pu le voir. Quoi qu'il en soit,
cette plante est très rare et est regardée comme fétiche dans
toutes les régions où on la rencontre. On trouverait aussi,
paraît-il, la gomme de kellé au Gabon.

Gomme d'anacarde. — L'écorce du tronc de l'anacarde
(*Anacardium occidentale*, L.), Térébinthacées, dont nous
avons déjà eu à parler au cours de ce mémoire, laisse exsuder
une résine jaune, dure, désignée sous le nom de *gomme
d'anacarde*. Les Anglais l'appellent *Cashew-Gum*. Elle est
soluble dans l'eau et employée aux mêmes usages que la
gomme arabique.

L'écorce du *Ben ailé* (*Moringa pterygosperma*, Gœrtn),

Capparidacées, laisse également exsuder une gomme qui se gonfle dans l'eau et passe pour être abortive.

Le *Bois à cochon (Symphonia globulifera)* produit un suc résineux qui sert à goudronner les cordages et les navires et à faire des torches.

Le *Niattout (Bdellium africana*, H. Bn., *Balsamodendron africanum*, Arn.), Burséracées, est un arbrisseau de 3 à 4 mètres de hauteur, à feuilles alternes, imparipennées, trifoliées. Fleurs petites, rougeâtres, axillaires, hermaphrodites; calice tubuleux à quatre dents, persistant; corolle à quatre pétales linéaires; huit étamines libres; ovaire libre biloculaire, biovulé. Le fruit est un drupe sec, pisiforme, à un noyau, à exocarpe se séparant en deux valves.

Cet arbuste produit le *Bdellium* d'Afrique, gomme-résine dont les Maures se servent parfois pour frauder la gomme qu'ils apportent à nos escales. Ils lui donnent le nom de *Mounass*. Cette introduction du bdellium n'est, du reste, qu'accidentelle, car il communique à la gomme qui avoisine ses fragments une odeur spéciale qui la ferait rejeter tout au moins pour les emplois en pharmacie et en confiserie. Le bdellium se présente sous l'aspect de morceaux d'un gris jaunâtre, rougeâtre ou verdâtre, à cassure terne, cireuse, d'une odeur balsamique pénétrante et d'une saveur amère.

Les Maures s'en servent, ainsi que les noirs, comme parfum, et en font brûler fréquemment sous leurs tentes ou dans l'intérieur de leurs cases pour en chasser les « mauvaises maladies » *(sic)*. Il renferme de la gomme, de la résine, de l'huile volatile, etc., etc. Il était autrefois employé comme excitant. Il est aujourd'hui complètement délaissé et n'entre plus que dans l'emplâtre de Vigo.

Le *Fromager (Bombax Ceiba*, L.), Malvacées, donne aussi une gomme-résine qui sert parfois à frauder la gomme arabique. On retire également du *Caïlcédrat (Khaya Senegalensis*, G. et Per.), Cédrélacées, une matière gomme-résineuse qui n'a pas encore été utilisée.

Hammout. — Il existe dans tout le bassin de la Gambie,

mais particulièrement dans la région sud du Bondou et dans le pays de Gamon, un végétal qui laisse exsuder une résine dont l'odeur rappelle celle de l'encens. Ce végétal, d'après Heckel, appartiendrait au genre Balsamodendron (Burséracées) et serait voisin du *Balsamodendron africanum*, Arn. Sa hauteur dépasse rarement 3 mètres et il croît, de préférence, dans les terrains pauvres. Le diamètre de son tronc est d'environ 20 à 25 centimètres au maximum. Bien qu'on trouve le hammout un peu partout au Soudan français, il est cependant relativement rare. Les individus vivent fort éloignés les uns des autres et c'est surtout dans le Ferlo-Baliniama qu'il est le plus commun. On en trouve également en notable quantité dans cette partie déserte qui se trouve aux environs de Koussan-Almany (Bondou), entre Kéniémalé, Kouddy, Hodioliré et le marigot d'Auguidiouol, entre Koukoudak et Kounamba, dans le Tiali.

Cette résine s'extrait, annuellement, du commencement de décembre à la fin d'avril. C'est, paraît-il, l'époque pendant laquelle elle est le plus abondante, et où le rendement est le plus avantageux et la qualité meilleure. De plus, comme en cette saison les indigènes ne sont pas retenus chez eux par les travaux des champs, ils peuvent se livrer plus facilement à cette récolte, qui est pour eux la source de quelques profits.

Pour l'extraire, les indigènes pratiquent sur le tronc de la plante, jusqu'aux maîtresses branches, des incisions en nombre variable, huit ou dix au plus. Ces entailles intéressent l'écorce dans toute son épaisseur. La résine qui en découle est peu abondante, et il faut attendre six à huit jours avant d'en avoir une petite boule de la grosseur d'une noisette. On procède alors à la récolte. A l'air libre, la résine durcit par le froid et elle prend une consistance telle que, pour la détacher, il faut se servir d'une tige de fer, spécialement fabriquée pour cela, ou bien de petites hachettes dont les indigènes usent pour défricher leurs lougans. La liqueur qui vient sourdre à l'incision est généralement blanche et limpide, mais, en se coagulant, elle prend une couleur opaline légèrement teintée en jaune.

En enlevant la petite boule de hammout qui s'est ainsi formée, les noirs ont l'habitude de détacher toujours en même temps la partie de l'écorce du végétal à laquelle elle adhère d'ordinaire si fortement. Revenus au village, ils mettent le produit de la récolte à chauffer au soleil pendant quelques jours pour le ramollir et afin de le débarrasser de la plus grande partie des détritus végétaux qu'il renferme. Quand il s'est refroidi et durci, il est pilé, de nouveau ramolli à la chaleur solaire, et pétri en forme de boules qui sont renfermées dans des coques de fruits de Cantacoula, comme je l'ai dit plus haut en parlant de ce dernier végétal.

La résine durcit alors à la fraîcheur ; elle adhère fortement aux parois du récipient qui la contient, et, pour l'en retirer, il faut se servir de la pointe d'un solide couteau. Cette résine se présente alors sous l'aspect d'une masse noirâtre, au milieu de laquelle se distinguent aisément les fragments d'écorce qui n'ont pu être enlevés. Son odeur est légèrement térébenthinée et sa saveur très aromatique. C'est sous cette forme que l'on trouve le hammout sur les marchés du Soudan.

Il ne faut pas confondre le hammout avec le *Tiéoué*, qui est une autre variété d'encens que les Dioulas du Fouta-Djallon, où on le récolte surtout, apportent annuellement dans nos comptoirs et sur nos marchés de Bakel, Kayes et Médine. Cet encens est, d'après les indigènes, de qualité absolument inférieure. Il est généralement présenté sur les marchés sous forme de grosses boules grisâtres, à cassure terne et citreuse, non transparentes, se ramollissant sous la dent, et contenant une notable quantité d'écorce. Leur odeur est moins térébenthinée que celle du hammout, et sa saveur est également aromatique. Le végétal d'où il s'extrait habite surtout le Fouta-Djallon. On le trouve également dans cette partie du Bondou qui confine au Tenda et au pays de Badon. Les noirs ne lui attribuent qu'à un faible degré les propriétés bienfaisantes du hammout.

Le hammout est l'objet au Soudan d'un petit commerce qui est assez actif sur les marchés de Kayes, Bakel et Médine. Les traitants de ces comptoirs accaparent presque tout ce qui est apporté et le revendent soit à Saint-Louis aux Ouolofs, soit aux habitants du Khasso, du Logo, du Natiaga, du Kaarta et du Guidimakha. Mais de tous, ce sont les Ouolofs et les Khassonkés qui en sont les plus avides. Les femmes ouoloves de Saint-Louis le font brûler sur des charbons ardents, dans des espèces de petits fourneaux fabriqués *ad hoc*. Le hammout ainsi brûlé produit une fumée blanchâtre et dont l'odeur se rapproche un peu de celle de l'encens. Les indigènes s'en servent pour parfumer leurs cases. En outre, ils lui attribuent de puissantes vertus curatives. D'après eux, en effet, le hammout serait, pour ainsi dire, une panacée universelle. Sa fumée serait très saine pour la santé. Elle chasserait les miasmes nuisibles, ferait disparaître les maux de tête, guérirait les bronchites et les rhumes de cerveau, et développerait surtout l'intelligence, etc., etc.

Le prix du hammout varie suivant les époques et les régions. Avant la récolte, une boule de moyenne grosseur se vend, à Kayes, de 2 à 3 francs; mais quand les arrivages commencent à se faire plus nombreux, le prix baisse rapidement. Ainsi, à Bakel, par exemple, il n'est pas rare, à ce moment, de trouver jusqu'à soixante boules pour une pièce de guinée, soit 10 à 12 francs environ.

A Saint-Louis, le hammout se vend couramment de 1 fr. 50 à 2 francs la boule. Dans le Guidimakha, trois boules coûtent environ 2 fr. 50 en mil, et dans le Khasso, à Kouniakary, par exemple, trois boules se vendent environ 5 francs en mil ou en étoffes.

IX. — Végétaux pouvant être utilisés pour les constructions, la menuiserie et l'ébénisterie.

C'est, à notre avis, une profonde erreur que de croire que les régions intertropicales sont des pays couverts de forêts impénétrables. La simple expression de « paysage tropical » éveille de suite dans l'esprit l'image d'oasis délicieuses, d'arbres touffus toujours verts, de fleurs parfumées et resplendissantes des couleurs les plus vives. Quant à la « forêt vierge », c'est un véritable labyrinthe dans lequel les plus belles essences botaniques sont couvertes d'un feuillage si épais que les rayons du soleil eux-mêmes n'y peuvent pénétrer, et dont le sol est couvert de lianes si vigoureuses qu'en s'entrelaçant elles forment, pour ainsi dire, de véritables cloisons qu'on ne peut franchir que la hache à la main. Eh bien! du moins en ce qui concerne nos possessions sénégambiennes et soudaniennes, il faut beaucoup rabattre de ce captivant tableau. Ce que nous venons de dire peut être vrai pour les régions équatoriales de l'Amérique et de l'Afrique centrale, mais c'est avec regret que nous sommes forcé d'avouer qu'il est loin d'en être ainsi pour les contrées tropicales proprement dites. Sans doute les végétaux acquièrent là-bas des proportions remarquables, gigantesques même, mais nous y sommes bien loin de ces belles forêts préhistoriques dont les poètes se plaisent à nous faire une si enchanteresse description. Dans le bassin de la Gambie, notamment, la végétation est bien d'une remarquable puissance; mais la forêt compacte dont il était certainement couvert aux temps les plus reculés de l'histoire a presque complètement disparu partout, et, dans sa partie la plus septentrionale, nous ne trouvons plus que la steppe sénégalienne, avec toute son aridité, toute sa décevante et désespérante monotonie. Et d'où vient cet inexplicable dépeuplement? me dira-t-on. Uniquement, répondrons-nous, de l'exploitation à outrance et sans méthode aucune de ces immenses richesses forestières! Certainement, les modifications survenues, à travers les âges, aux conditions climatériques de ces régions, ont puissamment contribué à la disparition d'un grand nombre des espèces végétales qui les habitaient jadis. Mais la principale cause doit être cherchée surtout dans les sacrifices innombrables auxquels l'indigène est forcé de se livrer pour satisfaire aux besoins de sa vie journalière, et aussi dans les immenses incendies qu'il allume, avec cette insouciance qui lui est propre, pour donner au sol l'engrais salin qui lui assurera des récoltes faciles.

Aujourd'hui, les essences précieuses ont presque complètement disparu partout où l'accès était relativement facile, près
des centres habités et le long des voies de communication. Il
faut s'avancer loin dans l'intérieur des terres pour les y
retrouver encore. Il commence même à en être de même pour
les espèces les plus communes, si bien qu'à Saint-Louis,
Foundioungne, Bathurst, Mac-Carthy, etc., etc., où l'on ne se
sert que de bois pour les besoins de la cuisine, il ne se paie
pas moins de 4 et 5 francs le stère, prix énorme si l'on songe
que l'on est là en pays à peine exploré. Nous pourrions même
citer de nombreux villages, profondément situés dans l'intérieur, où il se fait journellement un véritable trafic de ce
précieux combustible.

Toutefois, je me hâte de dire que le tableau est loin d'être
aussi sombre qu'on se le pourrait imaginer à la lecture de ce
qui précède. Le mal est loin d'être sans remède, et une
réglementation sage et méthodique de l'exploitation pourrait
aisément le conjurer et amener rapidement le repeuplement
de régions aujourd'hui absolument désertes, incultes et inha-
bitées. Mais c'est là une question d'administration et de haute
économie forestière et rurale, qui ne saurait trouver place dans
ce mémoire. Nous n'insisterons donc pas davantage, et nous
nous contenterons de faire une revue rapide des végétaux
originaires du bassin de la Gambie, que la menuiserie, l'ébénisterie, le charpentage, etc., etc., pourraient utiliser avec
profit.

Le *Rônier* (*Borassus flabelliformis*, L.), Palmiers. Les rives
de la Gambie sont couvertes de ce précieux végétal, et il en
existe des forêts d'une étendue relativement considérable où
l'on peut remarquer des échantillons de ce végétal qui atteignent des dimensions vraiment gigantesques. C'est le plus
grand des palmiers, le *Borassus flabelliformis*, L. Il est facilement reconnaissable à son port élevé et caractéristique. Sa
tige est très grande et peut atteindre parfois jusqu'à 25 et
30 mètres. Elle est renflée au milieu et ses parties inférieures
et supérieures sont bien moins volumineuses et bien plus

effilées. Son écorce est noirâtre et porte les cicatrices des blessures qu'y font les feuilles en tombant. Le bois, bien qu'il ait l'aspect spongieux, est très dur et est difficilement attaquable par la scie. Les billes de rôniers sont plus lourdes que l'eau. C'est un des rares bois qui ne flottent pas. Il est d'une longue durée et d'une solidité remarquable. Inattaquable par les insectes et par l'humidité, il est excellent pour les pilotis, et l'on s'en sert couramment dans la construction des ponts et des appontements. Les arbres mâles sont seuls employés; les arbres femelles ne peuvent servir qu'à des palissades, car ils sont creux et peu résistants.

Les feuilles d'un rônier adulte sont groupées en un bouquet volumineux situé au faîte de la tige et présentent de profondes découpures. Le tronc n'en porte jamais, sauf quand il est jeune. Leur couleur vert foncé et leur résistance rappellent de loin les feuilles artificielles en zinc de certains décors de théâtre et de girouettes. Les plus jeunes, fortement imbriquées et engainantes au sommet du végétal, sont d'un blanc d'ivoire. Très tendres, elles forment le *chou palmiste*. Elles ne tombent qu'après dessiccation complète. Terminales, elles présentent un limbe arrondi, étalé en éventail, à divisions bifides. Les indigènes utilisent les feuilles du rônier pour couvrir les constructions provisoires qu'ils font dans leurs villages de cultures. Nous nous sommes très bien trouvé de les avoir employées pour nos campements. Avec les jeunes feuilles, ils fabriquent aussi, en les tressant, des liens très résistants. Nous avons été à même d'apprécier leur solidité quand nous avons traversé en radeau la Gambie au gué de Bady. Le rônier, il ne faut pas l'oublier, est un arbre dioïque. Les fleurs sont disposées en spadices sortant du milieu des feuilles, les mâles plus volumineux et plus ramifiés que les femelles. Les fleurs mâles sont disposées dans les logettes d'un chaton à écailles imbriquées; calice à trois folioles, corolle à trois divisions. Six étamines stériles, ovaire triloculaire, ovules solitaires. Le fruit est une drupe connue sous le nom de *rônes*, de forme globuleuse. Ils sont disposés en grappes de quarante ou cinquante environ, et très lourds. L'enveloppe en est verte quand ils sont jeunes; à maturité, elle est jaune orange. Le mésocarpe charnu, d'abord mou et blanc, puis jaune, est parcouru par des fibres ténues. Il est aqueux et d'un goût agréable, mais légèrement térébenthiné. Les indigènes en font une grande consommation en temps de disette. Les graines sont volumineuses, noirâtres, discoïdes ou en forme de sphère aplatie aux deux pôles. Leur albumen est régulier, cartilagineux et creux à maturité.

Outre les fruits, les noirs mangent encore les racines des jeunes plants; elles ont un goût légèrement astringent et assez déplaisant.

Vène (Pterocarpus erinaceus, Poir.), Légumineuses papilionacées. Ce végétal, appelé *vène* en ouolof et *kino* en malinké, est un bel arbre dont la tige, généralement droite, atteint parfois de 12 à 15 mètres de hauteur. Feuilles alternes, imparipennées, à onze et quinze folioles alternes, ovales, oblongues, obtuses; fleurs jaunes en grappes solitaires groupées sur le vieux bois; gousse stipitée, membraneuse, veloutée, sinuée, ondulée et épineuse au centre.

L'écorce blanchâtre du vène permet aisément de le reconnaître dans la forêt et de ne pas le confondre avec ses voisins. Son feuillage est généralement maigre et d'un blanc terne. Il fleurit vers la fin de janvier. Son bois est à grain fin, très dur, serré et propre pour la menuiserie fine. Il est moins attaqué que les autres bois par les termites. On le trouve en grande quantité dans le bassin de la Gambie et dans tout le Soudan, et pourrait être l'objet d'une exploitation sérieuse.

Les indigènes utilisent les propriétés astringentes de son écorce contre les diarrhées rebelles et comme fébrifuges. Ils en font des macérations très concentrées dont ils boivent par jour environ la valeur de deux verres à bordeaux matin et soir. A l'incision, son écorce laisse découler une sorte de cachou à saveur excessivement astringente. C'est le *kino de Gambie,* soluble en grande partie dans l'eau. Il n'est plus utilisé aujourd'hui.

Le vène est utilisé dans nos ateliers pour la menuiserie et

pour la construction de nos chalands. On s'en sert également avec avantage pour fabriquer des traverses de chemin de fer et pour la construction des charpentes de nos postes.

Le *Kaki* (*Diospyros mespiliformis*, Hochst.), Ébénacées, est un arbre de taille moyenne, de 6 à 15 pieds de hauteur. Il croît de préférence sur le sommet des collines et est assez rare dans tout le Soudan. C'est ce végétal que l'on désigne généralement sous le nom de *faux ébénier*. Feuilles oblongues ou elliptiques, arrondies à chaque extrémité, un peu coriaces. Fleurs dioïques, blanches, à cinq divisions, axillaires. Fleurs mâles, à calice campanulé, à cinq divisions ovales, soyeuses en dehors; corolle urcéolée, dix à seize étamines. Fleurs femelles solitaires, six à huit staminodes; ovaire ovoïde, à quatre et huit loges uniovulées. Fruit subglobuleux, glabre, accompagné par le calice accru. Le fruit est comestible.

Le bois du kaki est compact, excessivement serré. Lorsqu'il est poli, il est impossible d'y découvrir traces de fibres. C'est ce qui lui a fait donner le nom d'ébène. Il est loin d'être du noir parfait de ce dernier. Il est rare de rencontrer des échantillons sans défaut, et fréquemment il est veiné de blanc. Très cassant, surtout quand il est sec, les indigènes ne s'en servent guère qu'aux environs de nos postes. Ils en fabriquent des cannes, qu'ils vendent aux Européens. En certains cas, il pourrait remplacer l'ébène, dont il est loin toutefois d'avoir le brillant. Les Maures, avec les plus beaux échantillons de kaki, confectionnent des bracelets qu'ils incrustent d'argent et qui ne manquent pas d'une certaine originalité. Ils en font également de curieux manches de poignards.

Le *Fromager* (*Bombax ceiba*, L.), Bombacées, possède un bois qui ne peut guère être utilisé que pour les charpentes. Encore est-il particulièrement attaqué par les insectes. La variété *Dondol* donne un bois qui ressemble, à s'y méprendre, à celui du peuplier, dont il a, du reste, toutes les qualités, et je me souviens avoir entendu dire, en 1892, par mon excellent camarade M. le capitaine Huvenoit, de l'artillerie de marine, alors directeur des travaux du chemin de fer de Kayes à Bafoulabé, aujourd'hui décédé, victime de cet épouvantable climat du Soudan, qu'il en avait fait débiter des planches dont il avait tiré grande utilité.

Le *Caïlcédrat* (*Khaya senegalensis*, G. et Per.), Cédrélacées, est un des plus beaux arbres non seulement du bassin de la Gambie, où il est très commun, mais encore du Soudan tout entier. Il peut atteindre 30 à 35 mètres de hauteur et 1 mètre de diamètre. Feuilles alternes, paripennées, à folioles opposées, ovales, oblongues, entières. Fleurs blanches. Inflorescence en panicules terminales et axillaires. Calice à quatre divisions imbriquées. Quatre pétales étalés. Huit étamines. Ovaire à quatre loges multiovulées. Le fruit est une capsule ligneuse à quatre loges, septicide de haut en bas. Sa tige, droite, prend parfois de telles proportions qu'on y peut creuser des pirogues de toutes pièces. Je me souviens avoir franchi la Gambie à Sillacounda (Niocolo), dans une embarcation de ce genre qui n'avait pas moins de 4 mètres de longueur sur 0m50 de largeur et 0m35 de profondeur. Elle avait été creusée dans une seule bille de caïlcédrat, ce qui permet de supposer que l'arbre qui l'avait fournie devait être énorme.

L'écorce du caïlcédrat est large, cintrée, légèrement fendillée, rougeâtre et couverte d'un épiderme presque lisse et d'un gris blanchâtre. Sa cassure est grenue en dehors, puis un peu lamelleuse, et formée en dedans par une série simple de fibres ligneuses aplaties et agglutinées. Elle est dure, cassante, fort lourde, amère et légèrement odorante. Si on y pratique une incision intéressant toute son épaisseur, il s'écoule par la blessure un liquide rougeâtre qui se coagule à l'air libre en une petite masse résineuse de couleur brune très foncée. Si, enfin, on fait brûler des morceaux du bois, la fumée qu'ils donnent exhale une odeur douce et caractéristique. Aussi est-il impossible de s'en servir pour faire cuire les aliments grillés ou rôtis, car ils s'en imprègnent tellement qu'ils sont, de ce fait, absolument exécrables à manger. Les cendres que l'on obtient en faisant brûler le caïlcédrat à l'air libre renferment une grande quantité de nitrate de potasse et sont d'une blancheur immaculée. C'est, du reste, à la présence de ce sel, je crois, qu'il faut attribuer la propriété toute particulière que possède ce végétal de brûler rapidement, même lorsqu'il est vert. Je me souviens, étant à Koundou, avoir ainsi enflammé une planche de caïlcédrat rien qu'en y posant mon cigare allumé. En quelques minutes, 5 centimètres carrés se consumèrent de ce fait.

Le bois est rouge foncé, à teinte vineuse, droit, assez serré, mais gardant mal le poli, se conservant dans l'eau à cause de la résine qu'il contient, mais se fendant par dessiccation. Il ressemble à l'acajou, et c'est pourquoi on lui a donné le nom d'*acajou du Sénégal*. Il est dur et très cassant. Malgré cela, on en fait à Saint-Louis et au Soudan de beaux meubles. Il se laisse facilement travailler. Il pourrait, en France, servir utilement pour la charpente, la tabletterie et pour les travaux d'ébénisterie les plus délicats.

Les indigènes s'en servent pour la construction de leurs cases et de leurs pirogues, et pour la fabrication de certains ustensiles de ménage, tabourets, pilons et mortiers à couscous.

Samboni ou *Bois-guitare* (*Cytharexylum quadrangulare*, Jacq.), Verbénacées. C'est un bel arbre de 5 à 15 mètres de hauteur. Feuilles elliptiques, oblongues. Fleurs en grappes allongées. Calice subsessile. Quatre étamines. Ce fruit est un drupe noir qui renferme deux noyaux. Son bois, à fibres bien parallèles, peut être utilisé pour la menuiserie fine et la confection des instruments de musique. C'est pourquoi on lui a donné le nom de *Bois-guitare*.

Les espèces dites *Luteum* et *Villosum* peuvent également être employées pour l'ébénisterie.

Dialium nitidum, Guill. et Perr., Légumineuses césalpinées, *Cocito* en malinké. Bel arbre de 5 à 6 mètres de hauteur, très rameux. Son tronc ne dépasse pas 0m75 à 1 mètre de diamètre. Feuilles alternes, imparipennées. Folioles alternes. L'inflorescence est une grappe composée de cimes terminales. Calice à cinq sépales. Corolle nulle dans les fleurs latérales supérieures, à un seul pétale dans les fleurs terminales, deux étamines latérales, ovaire uniloculaire, biovulé. Le fruit est une baie noire et veloutée remplie d'une pulpe farineuse.

Le tronc du dialium est tortueux. Son bois est dur, incorruptible dans l'eau salée. Il est, par le fait, propre aux petites constructions navales. Il peut être également employé avec avantage au tour et pour la menuiserie fine.

Le *Guiguis* (*Bauhinia reticulata*, Guill. et Perr.), Légumineuses césalpinées, est un arbre à feuilles alternes, simples. Fleurs en grappes axillaires ou terminales, pentamères. Dix étamines. Ovaire uniloculaire, multiovulé. Le fruit est une gousse. Très commun au Sénégal, plus rare dans le bassin de la Gambie. Son bois peut être utilisé dans l'ébénisterie, la menuiserie et le charronnage. Il est dur, facile à travailler et de longue durée.

Le *Manguier* (*Mangifera indica*, L.), Térébinthacées, ne pousse pas spontanément dans le bassin de la Gambie. Il y a été importé et il y est excessivement rare. On n'en trouve que quelques individus isolés dans le sud, à Gérèges, Vintang, etc. C'est un grand arbre à feuilles alternes entières. Fleurs polygames dioïques. Panicules terminales, cinq sépales, cinq pétales, cinq étamines dont une fertile; ovaire uniloculaire, uniovulé. Le fruit est un drupe à gros noyaux fibreux. Ce fruit, connu sous le nom de *mangue,* est délicieux, parfumé, mais son goût légèrement térébenthiné ne plaît pas à tout le monde. L'espèce commune, connue sous le nom de *mango,* est la seule que l'on rencontre en Gambie. Elle donne un fruit bien inférieur à celui du manguier greffé.

Le bois du manguier, assez dur, lourd, homogène et liant, est d'un bon emploi dans les pays tempérés; mais, dans les régions chaudes, il est de peu de durée. Il est, en effet, rapidement attaqué par les insectes. On s'en sert pour la fabrication du charbon de bois, et pour la confection des charrettes.

Le *Berre* ou *Mampata* (*Parinarium senegalense*, Perr. Neou., et *Parinarium excelsum*, Sab.), Rosacées, est un arbre de 5 à 10 mètres de hauteur environ. Feuilles alternes, simples, persistantes, sessiles, stipulées. Fleurs d'un blanc rosé. Inflorescence en cimes corymbiformes. Calice subbilabié, corolle à cinq divisions. Étamines nombreuses en nombre indéterminé, pas toutes fertiles; ovaire biloculaire, loges uni-ovulées. Le fruit est un drupe ovoïde à mésocarpe charnu. Le bois est à grain dur et serré. Très beau, il est précieux pour l'ébénisterie et la menuiserie fine. Il peut être aussi employé pour les constructions.

Karité (*Butyrospermum Parkii*, Kotschy), Sapotacées. Son bois, très fin et très résistant, peut servir à plusieurs usages. On peut l'employer avec succès pour la menuiserie, le charpentage et pour les meubles. La plupart des charpentes de nos postes du Soudan ont été construites avec ce bois, et, de ce fait, à Kita, Koundou, Niagassola et Bammako on a été forcé d'en abattre des quantités considérables. Il a également servi à fabriquer bon nombre des meubles qu'on y trouve. Les indigènes l'emploient principalement pour la fabrication des mortiers et pilons à couscouss et pour la confection de ces petits sièges sur lesquels les femmes s'assoient dans la cour intérieure des cases. Comme il est relativement moins attaqué par les insectes que les autres essences, on a tenté de l'utiliser pour fabriquer des traverses du chemin de fer de Kayes à Bafoulabé; mais, pas plus que les autres, il n'a pu résister à la dent cruelle des termites.

Le *Gonakié* (*Acacia astringens*, Cunning, ou *Adansonii*, Guill. et Perr.), Légumineuses mimosées, possède un bois très dur, très fin et qui se conserve longtemps. Il est difficile à travailler à sec. A Kayes, c'est le bois dont on se sert pour fabriquer les membrures des chalands de la flottille du Haut-Sénégal. On a tenté également de l'utiliser pour fabriquer des traverses de chemin de fer; mais il est attaqué par les termites aussi bien que le karité et les autres essences. De plus, certains insectes l'affectionnent particulièrement et le rongent rapidement. Aussi ne l'emploie-t-on que fort peu dans les constructions. Par contre, il possède la propriété de durcir dans l'eau et de ne s'y corrompre que lentement. On pourrait alors s'en servir avec avantage pour la construction des pilotis et pour les constructions navales.

Les différentes espèces de *Ficus* pourraient être utilisées sur place. Il n'y aurait, à notre avis, aucun avantage à les importer en Europe ; car leur bois n'a pas une valeur qui permette d'en faire une exploitation rémunératrice.

Le *Ficus afzelii*, L., Ulmacées, est un très grand arbre assez commun. Son bois, analogue à celui du sapin, est blanc, léger et employé aux mêmes usages.

Le *Sycomore* (*Ficus sycomorus*, L.), Ulmacées, est moins abondant que ce dernier. Les Égyptiens s'en servaient pour fabriquer des cercueils et pour sculpter des figures qui remontent jusqu'aux temps les plus reculés. Il peut être employé pour la menuiserie. Il en est de même des espèces *augustissima*, L., *macrophylla*, Desf., *laurifolia*, Lamk., *racemosa*, L., etc., etc. Le *Ficus ferruginea*, L., que les Mandingues de la Gambie appellent *Scotto*, donne un bon bois pour la menuiserie. Mais il faut écorcher l'arbre dès qu'il est abattu, car, dans le cas contraire, il est rapidement attaqué par les insectes. Quant au *Banyan* (*Ficus religiosa*, W.), qui est si commun dans le Badon, le Niocolo et le Dentilia, il donne un bois assez dur et de couleur jaune sale dont on peut faire usage pour la menuiserie et le tour.

Le *Benténier* (*Eriodendron anfractuosum*, D. C.), Malvacées, croît, de préférence, sur les plateaux élevés, mais riches en terre végétale. Relativement rare dans les plaines, on le rencontre surtout dans le Kalonkadougou et le Bambouck. C'est un bel arbre de 15 à 20 mètres d'élévation, à tige droite, se terminant par un bouquet de rameaux au feuillage touffu et toujours vert. Feuilles palmées, à cinq et huit folioles entières, lancéolées, dont la face supérieure est d'un vert foncé, et la face inférieure blanchâtre et légèrement veloutée. Fleurs grandes, jaunâtres. Calice à cinq divisions irrégulières, corolle à cinq pétales, étamines en nombre variable. Le fruit est une capsule à cinq loges contenant un nombre indéfini de graines qu'entoure une bourre dense qui ressemble à de la laine. Son bois est tendre et léger, facile à travailler. Les indigènes l'emploient pour construire des pirogues d'une seule pièce. Il pourrait être employé dans les charpentes comme madriers.

Le *Canéficier* (*Cassia fistula*, L.; *Cathartocarpus fistula*, Pers.), Légumineuses césalpinées, donne un bois léger, rougeâtre ou gris rougeâtre, à grain grossier, de peu de durée et très facile à travailler. Il pourrait être utilisé pour la marqueterie et la tabletterie. Les indigènes s'en servent pour confectionner des pilons et mortiers à couscous et des manches d'outils.

Il existe encore dans tout le bassin de la Gambie un grand nombre d'autres végétaux dont le bois pourrait être utilement employé. Nous citerons particulièrement le *Tamarinier* (*Tamarindus Indica*, L.), Légumineuses césalpinées, dont le bois dur, dense, solide et liant, est bon pour le charronnage. On s'en sert beaucoup à Kayes pour faire des couples d'embarcation. Le *Khoss* (*Nauclea inermis*, H. Bn.; *Nauclea africana*, Walh), Rubiacées, donne un bois facile à travailler, d'assez longue durée et se fendant peu. Il est utilisable pour la menuiserie et pour la charpente; mais ses dimensions sont assez restreintes. Le *Rhatt* (*Combretum glutinosum*, Perr.), Combrétacées, est très bon pour la menuiserie. De même que le *Souroure* (*Acacia species*, L.), Légumineuses mimosées, le *Nété* (*Parkia biglobosa*, H. Bn.), Légumineuses mimosées, le *Touloucouna* (*Carapa touloucouna*, Guil. et Perr.), Méliacées, donne un bois peu attaquable par les insectes. Il pourrait être employé pour les charpentes s'il ne se fendait pas aussi facilement. Il peut être utilisé pour de petits travaux de menuiserie. Le *Dank* (*Detarium microcarpum*, Guill. et Perr.), Légumineuses césalpinées, dont le bois est excessivement dur, peut être utilisé pour les constructions navales. Le *Khad-Kred* (*Crataeva Adansonii*, D. C., ou *religiosa*, Forst), Capparidacées, possède un bois dur à grain fin, bon pour le tour. Le *N'taba* (*Sterculia cordifolia*, Guill. et Perr., *Kola cordifolia*, Rob Brown), Malvoïdées sterculiacées, dont le bois est dur et difficilement attaqué par les insectes, pourrait être avantageusement employé pour les grandes constructions navales. Le bois du *Téli* (*Erythrophlæum guineense*, Afz.), Légumineuses césalpinées, est très dur et incorruptible. Il se conserve longtemps dans l'eau. Il est tellement serré, dur et compact, qu'il résiste même au feu des incendies que les indigènes, pour défricher, allument dans la brousse. Il pourrait être utilisé pour les pilotis, les constructions navales et les grandes charpentes. Les noirs, à cause de ses propriétés toxiques, ne l'utilisent en aucune façon. Le *Cordia macrophylla,* V., Borraginées, serait précieux pour l'ébénisterie, car sa texture est fine et serrée, il se polit facilement. Le *Gardenia Jovis Tonantis*, Hiern., Rubiacées, est ainsi nommé parce qu'il possède, disent les indigènes, la propriété de conjurer la foudre. Les noirs du sud du bassin de la Gambie, les Diolas particulièrement, en plantent, dans ce but, des rameaux au sommet de leurs cases. Son bois est lourd, très durable, compact et jaunâtre. Il peut être employé avec avantage pour l'ébénisterie et le tour, car il se fend difficilement même sous l'action de la chaleur. Il en est de même du *Mabolo* (*Conocarpus racemosa*, L.; *Laguncularia racemosa,* Gœrtn.), Combrétacées, du *Mboull* (*Sapindus saponaria*, L., et du *Kener* (*Sapindus senegalensis*, Poir.), Sapindacées. Le bois du *Baobab* (*Adansonia digitata*, L.), Malvacées, est mou et léger. Les indigènes s'en servent pour construire des pirogues d'une seule pièce. Je me rappelle avoir lu, dans je ne sais quel livre, que les noirs l'employaient pour fabriquer des cercueils. Jamais, de mémoire d'homme, dans n'importe quel village indigène du Sénégal ou du Soudan, le cadavre d'un noir n'a été enfermé dans un cercueil quelconque pour être inhumé. L'auteur faisait allusion sans doute à ce fait que, dans certaines régions, le Djolof, par exemple, on avait l'habitude de creuser dans le tronc des baobabs la sépulture des griots. Cette caste si méprisée y est, de ce fait, exclue des cimetières communs. On jugera par là combien sont grandes les dimensions que peut atteindre ce végétal.

X. — Végétaux pouvant être employés à d'autres usages industriels.

Les végétaux de cette catégorie sont relativement peu nombreux, et après ce que nous avons dit au cours de ce mémoire, il ne nous reste plus que quelques rares essences à signaler à l'attention du lecteur.

Le *Tabac*. — La variété de tabac qui est cultivée dans le bassin de la Gambie et dans tout le Soudan français est la Nicotiane rustique, ou tabac à feuilles rondes (*Nicotiana rustica*, L.), Solanacées. Il diffère sensiblement du *Nicotiana tabacum*, L. C'est une plante glutineuse et velue, dont les feuilles sont ovales, obtuses, pétiolées. Les fleurs sont en cimes paniculées denses. La corolle, d'un vert jaunâtre, est à tube court et velu. Son fruit est une capsule arrondie. De toutes les Solanacées, c'est la plus commune au Soudan, et celle qui est cultivée avec le plus de soin. Elle croît surtout à merveille dans les terrains riches en humus et aime un climat chaud et humide. On conçoit dès lors qu'elle prospère d'une façon remarquable dans tout le bassin de la Gambie.

Le terrain dans lequel cette plante est cultivée est préparé avec un soin méticuleux et on n'y voit jamais le moindre brin d'herbe. De plus, chose rare au Soudan, j'ai vu, dans certains villages, fumer avec de la bouse de vache et le crottin des chevaux la terre destinée à recevoir la semence. Les semis sont généralement faits à la fin de juin ou au commencement de juillet. Quand la plante a atteint environ douze à quinze centimètres de hauteur, les pieds sont repiqués dans les jardins préparés *ad hoc*. Ils sont placés à peu près à trente ou quarante centimètres les uns des autres dans le plus grand ordre. Ils sont sarclés tous les deux jours et arrosés matin et soir avec soin. La récolte des feuilles a lieu dans le courant de janvier, et celle des graines vers la fin de février. Sur les bords des fleuves et rivières, le tabac est cultivé toute l'année. Les eaux, en se retirant, laissent une couche relativement épaisse de limon, qui conserve son humidité pendant longtemps et qui permet au tabac de se bien développer. Cette plante prospère à merveille dans tout le Soudan et ses feuilles y atteignent de remarquables dimensions. Le rendement qu'elle donne est considérable. Il est à peu près de 2,500 kilog. à l'hectare. Les feuilles brutes se vendent sur les marchés couramment 1 fr. 50 le kilog.

Jusqu'à ce jour, il n'a été fait que des essais de culture absolument insuffisants. Rien de systématique et de méthodique n'a été tenté, et pourtant tout permet de croire que des efforts sérieux seraient couronnés de succès et qu'il serait facile d'acclimater dans ces régions les tabacs de qualités supérieures.

Les indigènes prisent et fument le tabac. Mais, avant de s'en servir, ils lui font subir une préparation qui diffère dans les deux cas :

1° *Tabac à priser.* — On procède de la même façon, que l'on ait affaire au tabac du commerce ou au tabac indigène. Les feuilles, réduites en petits morceaux, sont mises à sécher au soleil ou devant le feu. Il est préférable qu'elles soient séchées au soleil. Elles sont ensuite pilées dans un mortier *ad hoc* avec un pilon spécial et réduites en poudre absolument impalpable. Mortier et pilon sont de petites dimensions. Ce sont surtout les femmes qui sont chargées de ce soin, ou bien des vieillards qui ont acquis dans cet art une véritable habileté. La poudre ainsi obtenue est étendue sur un linge et de nouveau mise à sécher au soleil. Puis (voilà l'opération délicate), on prend des tiges de petit mil que l'on fait brûler. La cendre obtenue est mise à bouillir dans une petite marmite avec de l'eau. On fait chauffer jusqu'à ce que l'eau, étant absolument évaporée, la cendre soit entièrement desséchée et adhérente aux parois de la marmite. On racle alors cette cendre, on la réduit en poudre très fine et on la mélange au tabac dans la proportion du cinquième. Puis on ajoute à tout cela un peu de beurre ou de graisse de mouton. On mélange bien, on fait sécher, on triture de nouveau et voilà le produit que le noir s'introduit avec tant de délices et en si grande quantité dans le nez. D'après ce qui disent les indigènes, la cendre de mil aurait pour résultat de donner plus de montant au tabac.

Le beurre lui donnerait un arome tout spécial et très recherché des amateurs, et aurait surtout pour effet de lui enlever toute son âcreté. Quoi qu'il en soit, nous avons maintes fois essayé d'en priser et nous lui avons trouvé une force que n'ont pas nos tabacs européens.

2° *Tabac à fumer*. — On ne lui fait guère subir de préparation spéciale. Les feuilles sont simplement séchées au soleil, écrasées dans la main et fumées ainsi dans la pipe.

Au Soudan, l'homme est surtout priseur et c'est la femme qui fume le plus. Pour priser, on introduit le tabac dans les narines avec les doigts ou bien on se sert d'une sorte de petite spatule en fer ou en laiton à l'aide de laquelle on puise dans la tabatière. A son extrémité étroite est percé un trou dans lequel passe une petite lanière en cuir qui sert à la suspendre au cou. L'extrémité large, couverte de tabac, est appliquée contre les narines alternativement et on n'a qu'à humer la poudre. Dans certaines régions, et, chez les Malinkés particulièrement, on ne se contente pas seulement de priser le tabac en poudre, on le chique de plus pour ainsi dire. Pour cela, on en place une volumineuse pincée sur la langue soit à la main, soit à l'aide du petit instrument dont nous venons de parler. Les femmes l'introduisent avec une merveilleuse dextérité entre la lèvre et l'arcade dentaire inférieure.

Pour fumer, la femme se sert d'une pipe généralement en caïlcédrat, dont le tuyau est en bambou. Cette pipe est des plus rudimentaires. Il est rare qu'une femme fume sans offrir de temps en temps sa pipe à ses voisines. Les hommes font également de même.

Nous avons souvent essayé de fumer de ce tabac et nous avons toujours été forcé d'y renoncer. Son âcreté est telle qu'après deux ou trois bouffées au plus nous éprouvions à la langue et aux gencives une douleur si vive que nous étions forcés de cesser. Toutefois nous avons constaté que le tabac français fumé dans ces pipes avait un arome tout particulier et très délicat.

Les peuples de race mandingue fument et prisent beaucoup

plus que les peuples de race peulhe. Ils préfèrent de beaucoup
notre tabac au leur, et le cadeau le plus apprécié que l'on puisse
faire à un chef est ·de lui offrir un litre de tabac à priser et
quelques têtes de tabac en feuilles. On nomme ainsi au
Sénégal et au Soudan ces petits paquets de cinq ou six feuilles
de tabac liées ensemble par le pétiole et dont on fait un commerce relativement important. De même aussi ils ont une
préférence bien marquée pour les pipes en terre de Marseille
ou de Valenciennes que nous leur vendons.

Raphia vinifera, P. Beauv. — Ce palmier est peu commun
au Sénégal et au Soudan. Ce n'est guère qu'à partir de la
Gambie qu'on commence à le trouver en assez grand nombre.
Sa tige est, en général, peu élevée, épaisse, irrégulièrement
crénelée. Feuilles grandes. Inflorescence en spadices très
grands. Fleurs roses, jaunâtres, monoïques dans le même
spadice, en épis comprimés, distiques. Calice campanulé à trois
dents peu marquées. Corolle mâle trifide. Six à douze étamines
libres. Corolle femelle infundibuliforme. Ovaire trilobulaire.
Le fruit est une baie jaune verdâtre, à noyau dur, oblong et
aigu aux deux extrémités.

Ce palmier habite surtout la Guinée, Sierra-Leone et le
Congo. Nous n'en avons rencontré que de rares échantillons
dans le Coniaguié. Les pétioles servent à faire des meubles
légers. Les feuilles donnent des fibres textiles. Les indigènes
des pays où il croît en récoltent la sève qui, légèrement
fermentée, donne le *vin de palme* dont ils sont si friands et
avec lequel ils aiment tant à s'enivrer. C'est une boisson
aigrelette que l'Européen lui-même ne dédaigne pas. Les
indigènes donnent à ce vin le nom de *bourdou.*

Rônier (Borassus flabelliformis, L.), Palmiers. — Outre
les différents usages auxquels peut être employé le palmier-
rônier, dont nous avons déjà parlé au cours de ce mémoire, ce
végétal est encore précieux à plus d'un titre. Dans l'Inde, où
il est très commun, un poème tamul ne lui attribue pas moins
de quatre-vingts usages. Le suc sucré qui en découle abondam-
ment par les incisions faites en temps voulu et à l'époque

favorable au niveau de l'insertion des spadices, est très estimé comme boisson. Par la fermentation, il donne une liqueur alcoolique analogue au vin de palme. Les rôniers mâles en laissent découler en plus grande quantité que les rôniers femelles. Les indigènes du sud du bassin de la Gambie, du Combo, du Coniaguié et du Bassaré, en sont particulièrement friands. Dès que l'arbre peut supporter l'opération, c'est-à-dire dès qu'il a atteint environ deux ou trois mètres de hauteur, ils le saignent sans pitié. La récolte du vin de palme est, dans ces conditions, relativement facile; mais quand le rônier a atteint son complet développement, comme alors il est très élevé et qu'il peut atteindre de grandes dimensions (nous en avons vu qui n'avaient pas moins de 25 à 30 mètres de hauteur), elle est plus délicate. Si vigoureux que soit un noir et si parfaite que puisse être sa ressemblance avec le singe, il lui serait difficile de grimper aussi haut à l'aide seulement des pieds et des mains. Alors, de distance en distance, et au fur et à mesure qu'il s'élève, il fixe dans la bille même de l'arbre et d'une façon symétrique de solides chevilles en bois, longues d'environ 40 ou 50 centimètres, qui transforment le tronc en une véritable échelle. Dès qu'il est arrivé au faîte, il pratique les incisions nécessaires pour que le suc puisse s'écouler, et au-dessous attache pour le recevoir des calebasses ou des courges ayant une forme appropriée à cet usage. Ces récipients portent le nom de *boulines*. Les Mandés Dioulas de la boucle du Niger, qui ont un penchant tout particulier pour cette liqueur, lui donnent le nom de *mboin*.

Le bourgeon terminal du rônier est très tendre. C'est un *chou palmiste* moins savoureux assurément que celui de l'*Oreodoxa oleracea*, Mart., mais qui est quand même fort apprécié par les Européens. Coupé en petits fragments de deux centimètres carrés et bien assaisonné d'huile, de vinaigre, sel et poivre, on en fait une excellente salade, surtout si on a eu la précaution de la faire macérer pendant vingt-quatre heures. Voici, au sujet du chou palmiste, en général, ce qu'écrit dans son remarquable *Manuel des cultures tropicales* notre excellent maître et ami, M. le pharmacien en chef des colonies E. Raoul : « Un des meilleurs légumes des pays chauds est le chou palmiste, c'est-à-dire le bourgeon terminal tendre de certains palmiers dépouillé de ses enveloppes extérieures. Cuit, il est très agréable et peut se comparer au fond d'artichaut, auquel il est bien supérieur cependant. Cru et divisé en lanières minces, il peut se manger en salade. Pour le recueillir, il faut sacrifier l'arbre qui le porte, l'abattre à la hache au moment le plus convenable, couper sa cime et débarrasser le bourgeon tendre des feuilles qui l'entouren et des enveloppes dures qui le recouvrent. Les palmiers sont souvent si communs, soit dans les forêts, soit au bord des cours d'eau, soit en bouquets dans les savanes ou sur leurs bords que l'on peut en détruire sans dommage un certain nombre. On pourrait en couper sans regret un plus grand nombre si on avait la prévoyance d'aider par quelques soins leur repeuplement et leur multiplication. Plusieurs palmiers différents donnent un bourgeon tendre volumineux, de saveur douce et d'un usage alimentaire excellent; mais un très grand nombre n'ont qu'un bourgeon trop petit pour être utilisé. Chez quelques-uns le bourgeon est amer et présente même un principe nuisible et narcotique. »

Bambou (*Bambusa arundinacea*, Retz.), Graminées. — Le bambou, par ses usages multiples, est un des végétaux les plus précieux des régions équatoriales et intertropicales. En Cochinchine, où il n'en existe pas moins de huit espèces auxquelles les Annamites donnent les noms de *Tre-lang-nga*, *Tre-xiem*, *Tam-vong*, *Tre-lau*, *Tre-mo*, *Tre-gai*, *Tre-bong*, *Tre-buong ;* ils s'en servent pour faire des poteaux, des poutres, des manches de lances, d'outils, des pieux, des bancs, des sièges, des objets de vannerie, etc., etc. A la Martinique, où il est très commun et où il acquiert des dimensions considérables, il constitue l'espèce végétale la plus utile par sa force de résistance, la dureté de son épiderme siliceux et la légèreté que lui communique la cavité centrale de ses tiges sans nuire à sa résistance. On l'y utilise particulièrement pour faire des

tuyaux pour le drainage, des gouttières, des charpentes, etc.
A la Nouvelle-Calédonie, le bambou est surtout employé par
les Canaques pour confectionner des cannes, des piques. Ses
éclats tiennent lieu d'instruments de chirurgie, de cou-
teaux, etc., etc. A Tahiti, où les Maoris lui donnent le nom
de *Ohe,* il sert aux usages les plus nombreux et les plus variés.
A Nossi-Bé, il prospère à merveille, et les Malgaches en tirent
le plus grand parti. Dans tout l'Extrême-Orient, outre les
usages que nous venons de mentionner plus haut, on se sert
de ses fibres pour fabriquer des nattes, des paniers, de la pâte
à papier, etc., etc. Sa sève sucrée sert à faire une boisson qui
jouit d'une certaine faveur. L'emploi que l'on fait en Europe
du bambou pour la menuiserie, l'ébénisterie, la bimbelo-
terie, etc., etc., est trop connu pour que nous insistions
davantage. C'est un végétal dont la tige solide, creuse, résistante, présente des nœuds nombreux au niveau desquels se
trouvent les rameaux. L'inflorescence est un épillet en
panicules à fleurs nombreuses, imbriquées, distiques. Glumes
mutiques, concaves. Deux glumelles coriaces. Six étamines.
Ovaire sessile uniloculaire, uniovulé. Le fruit est un caryopse
libre dans les glumelles.

Le bambou est assez commun au Soudan et dans tout le
bassin de la Gambie ; mais il est loin d'y avoir les proportions
énormes auxquelles il atteint à la Guyane, en Extrême-Orient et
à la Martinique. Malgré cela, tel qu'on l'y trouve, il présente déjà
des dimensions fort respectables. Il y en existe deux variétés
dont l'une a la tige creuse, tandis que, chez la seconde, elle est
pleine. On le rencontre un peu partout, mais surtout dans le
Bambouck, le Bafing, le Konkodougou, le Gamon, le Tenda,
le Damantan, le Badon, le Niocolo, etc., etc. Il croît dans
presque tous les terrains ; mais c'est surtout sur les bords des
marigots et dans certaines plaines à fond d'argiles, inondées
pendant la saison des pluies, qu'il est le plus commun et qu'il
acquiert ses plus grandes dimensions. Toutefois, sa tige
n'atteint pas au Soudan, dans les terrains qui lui sont le plus
propices, un diamètre de plus de 6 à 8 centimètres et sa

hauteur 4 ou 5 mètres. Sur les plateaux rocheux, il ne dépasse pas 2 mètres d'élévation et 3 centimètres au plus de diamètre. Il est là toujours très peu vigoureux.

Ce végétal, si abondant autrefois dans le Gamon, le Badon, le Dentilia, y est devenu, depuis cinq ou six années, plus rare et finira par y disparaître complètement. Il est atteint depuis ce temps d'une maladie que les indigènes désignent sous le nom de *diambarala*. Je n'ai pas besoin de dire qu'elle est attribuée à des pratiques de sorcellerie et que les génies malfaisants (les *Mamma-Diombos*) sont accusés de l'en avoir frappé. Cette maladie, cependant, est causée par un cryptogame parasite qui croît à l'aisselle des jeunes rameaux et qui, en un an, deux au plus, finit par tuer le végétal. La tige se flétrit, les feuilles tombent, le bambou sèche sur pied, et il suffit d'un vent léger pour en abattre des bouquets entiers. Les tiges ainsi couchées ne peuvent plus servir à rien, car elles ont perdu toute leur souplesse et sont devenues excessivement cassantes. C'est dans ces seules régions que nous avons trouvé cette maladie. Nous ne l'avons constatée nulle part ailleurs. Les indigènes du Gamon, du Badon et du Dentilia sont très affectés de voir ainsi disparaître cette graminée qui leur est si précieuse. Dans tout le Soudan, en effet, on s'en sert pour construire les charpentes des toits des cases, on l'utilise pour fabriquer des nattes, des corbeilles, des cordes, des ruches pour les abeilles et pour construire les clôtures des petits jardinets que l'on trouve aux environs des jardins. Les bambous pleins sont préférés pour les constructions et les bambous creux pour les autres usages. Les Bambaras de la boucle du Niger utilisent aussi les jeunes tiges de bambous pleins pour fabriquer leurs flèches, et la corde de leurs arcs est presque toujours faite avec ce végétal.

Le feuillage du bambou constitue un excellent fourrage dont les animaux, les chevaux surtout, sont excessivement friands. Le meilleur et le plus tendre est fourni par les rameaux les plus jeunes. Ce fourrage doit probablement ses qualités nutritives à la quantité relativement considérable de sucre que contiennent les jeunes pousses et les jeunes feuilles de cette plante. Cependant, d'après certains indigènes auxquels je l'ai entendu dire, il pourrait à la longue devenir nuisible et il faut bien se garder d'en faire la nourriture absolument exclusive des bestiaux.

Les entre-nœuds des tiges de bambou renferment souvent des concrétions siliceuses, analogues à l'opale. Elles sont désignées sous le nom de *tabaschirs*. Elles ont été préconisées contre un grand nombre de maladies, mais sans avoir en réalité aucune efficacité.

Palétuvier (*Rhizophora Mangle*, L.), Rhizophoracées. — Le palétuvier, que l'on désigne encore sous le nom de *manglier*, est très commun à l'embouchure de la Gambie et dans tous les marigots qui en sont tributaires et dont les eaux sont saumâtres.

Il existe plusieurs variétés de palétuviers : le *palétuvier blanc* (*Avicennia nitida*, Jacq.), Verbénacées, très commun à la Guyane, surtout dans les vases salées à l'embouchure des fleuves, et dont le bois droit et élevé est utilisé pour la mâture des petits bâtiments. Le duramen est excellent pour les constructions dans l'eau salée. Il est remarquable par l'entre-croisement en tous sens de ses fibres. Le *palétuvier jaune*, originaire de la Guadeloupe, donne un bon bois pour le charronnage et les charpentes. Enfin le *palétuvier rouge* se rencontre particulièrement à la Martinique, à la Guyane et à la côte occidentale d'Afrique. C'est celui que l'on trouve uniquement en Gambie. On le rencontre également en grande quantité dans le Saloum, la Casamance, etc., etc., et en général dans tous les fleuves de la côte de Guinée, à Joal et à Portudal. Ce végétal présente les caractères suivants : racines adventives qui le maintiennent solidement au bord de l'eau et auxquelles viennent s'attacher en grande quantité ces petites huîtres si précieuses dans les pays chauds que l'on désigne sous le nom d'*huîtres de palétuviers*. Tige épaisse à feuilles opposées, entières, elliptiques, coriaces, glabres, stipulées. Inflorescence en forme de cimes. Fleurs axillaires, régulières, hermaphrodites. Calice à quatre sépales persistants. Corolle à quatre pétales. Huit étamines. Ovaire infère à deux loges biovulées. Fruit coriace, indéhiscent, monosperme. La graine germe sur l'arbre.

Le bois du palétuvier est de petites dimensions, serré, dur et d'une couleur rougeâtre qui permet de le reconnaître aisément. Il peut être employé pour confectionner les couples des petites embarcations. Inattaquable par l'eau de mer, il sert aussi à faire des palissades sur le rivage. Son écorce laisse exsuder un suc qui, concentré au soleil, donne le *kino de Colombie*. Voici ce que dit Cauvet de cette substance : « Le kino de Colombie est en pains de 1,000 à 1,500 grammes, aplatis, offrant l'empreinte d'une feuille de palmier et couverts d'une poussière rouge. Ces pains se divisent aisément en fragments irréguliers, transparents sur les bords et d'un rouge un peu jaunâtre; leur cassure est inégale, brune, brillante, leur saveur amère et très astringente, leur odeur faible, particulière.

» Ce kino fournit une poudre rouge orangé; il se dissout assez bien dans l'eau froide, davantage dans l'eau bouillante et presque complètement dans l'alcool; ces solutés ont une belle couleur rouge. Si on le dissout dans l'eau froide et qu'on évapore la solution avec soin, on obtient un extrait rouge foncé brillant, fragile, qui ne diffère du kino d'Amboine que par l'absence de cannelures. » Ce kino s'emploie contre les mêmes affections que le cachou; mais il a moins d'énergie.

Le végétal désigné vulgairement sous le nom d'*Yeux-Crabes* appartient à la famille des Sapindacées. C'est le *Cupania sapida*, D. C. Il est particulièrement commun dans le Ouli, le Sandougou, le Niani, le Fouladougou et le Kantora. C'est un arbre à feuilles alternes, imparipennées. Fleurs blanches, régulières, polygames, dioïques. Inflorescence en grappes de cimes simples. Corolle et calice à cinq divisions. Huit étamines. Ovaire triloculaire. Loges uniovulées. Le fruit est déhiscent. C'est une capsule loculicide, rouge, charnue. Ce fruit est comestible et, d'après de Lanessan, sert à préparer avec du sucre et de la cannelle une conserve employée contre les diarrhées. Cuit sous la cendre, il est appliqué comme maturatif sur les abcès. Les fleurs, dont l'odeur est suave, servent à préparer par distillation une eau parfumée. L'infusion de l'écorce et des feuilles passe pour être stomachique.

Le *Palmier-nain* (*Chamærops humilis*, L.), Palmiers, possède une tige peu élevée; feuilles palmatifides; inflorescence en spadice; fleurs dioïques, polygames; le fruit est une baie.

Les tiges du palmier-nain sont employées comme crin, sous le nom de *crin végétal*. On les fait rouir dans l'eau, puis on les expose au soleil, et quand elles sont parfaitement sèches, on détache l'écorce ainsi que les feuilles; on met ainsi à nu les fibres de la tige. Ce crin remplace le crin animal pour la confection des matelas. Ce palmier est relativement rare dans le bassin de la Gambie; mais il y prospère parfaitement et il serait d'autant plus facile de l'y multiplier qu'il ne demande que peu de soins pour se développer.

Les graines du *Gombo* (*Hibiscus esculentus*, L.), Malvacées, appelées *graines d'ambrette*, contiennent une oléo-résine jaune et ont une odeur musquée très prononcée. Elles sont utilisées dans la parfumerie. De plus, les racines de ce végétal peuvent remplacer la guimauve et des fibres pourraient être employées pour fabriquer le papier. La tige du *Bananier* (*Musa ensete*, L.), Musacées, donne une fibre textile de bonne quaité. Enfin, nous citerons en dernier lieu parmi les végétaux de cette catégorie le *Nymphæa lotus*, L., Nymphéacées. Nous l'avons particulièrement trouvé dans le haut cours du Sandougou, aux environs de Koussanar (Ouli) et dans les marigots du Tenda, du Kantora et du Damantan. C'est une plante herbacée, vivace, habitant les eaux douces. La tige est un rhizome. Feuilles alternes, longuement pétiolées; limbe pelté et flottant à la surface de l'eau. Fleurs grandes, longuement pédonculées. Calice à quatre divisions. Pétales en nombre indéfini. Étamines nombreuses, en nombre variable. Ovaires nombreux; loges multiovulées. Le fruit est une baie spongieuse s'ouvrant irrégulièrement; graines nombreuses, plongées dans une substance

gommeuse. Il existe deux variétés de nymphæa lotus : l'une à
fleurs blanches, l'autre à fleurs rouges. Le rhizome féculent
est comestible, de même que les graines. Les fleurs sont
astringentes et se prescrivent contre les diarrhées et les
affections du foie.

Nous venons, dans cette longue énumération, de passer
en revue la plus grande partie des végétaux utiles que l'on
rencontre dans le bassin de la Gambie. Il y a là, comme on a
pu s'en rendre compte, de véritables richesses botaniques.
Malheureusement, le manque absolu de voies de communication en rendra de longtemps l'exploitation difficile, et pourtant
on ne peut s'empêcher de reconnaître qu'il y aurait, dans toute
cette région, de puissantes ressources pour notre commerce et
notre industrie. Cette flore si intéressante et si belle, étant
donnée surtout la situation géographique et climatérique de ces
régions littéralement à cheval sur les deux zones qui se parta-
gent le Soudan français, la zone aride des steppes et la zone
fertile des tropiques, est absolument typique. Ce qui précède
pourrait s'appliquer parfaitement à toute notre vaste colonie
soudanienne et notre Mémoire aurait aussi bien pu s'intituler
la *Flore utile du Soudan français*. Mais, comme il est des
parties de ce vaste territoire que nous n'avons pas visitées,
nous avons cru, de crainte d'erreurs ou d'omissions, devoir lui
donner simplement le titre sous lequel nous le présentons au
lecteur et n'y parler que de régions que nous connaissons bien.
Après avoir traité des végétaux qui croissent naturellement
dans le bassin de la Gambie, il y aurait assurément grand
intérêt à parler de ceux qui y pourraient être introduits. Peut-
être un jour ou l'autre le ferons-nous, car cette étude est, à
notre avis, la seconde et logique partie de notre travail.

INDEX DES NOMS SCIENTIFIQUES

INDEX DES NOMS INDIGÈNES ET DES NOMS VULGAIRES

TABLE DES MATIÈRES

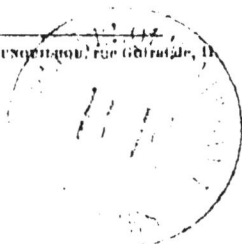

Bordeaux. — Imp. G. Gounouilhou, rue Guiraude, 11

www.ingramcontent.com/pod-product-compliance
Lightning Source LLC
Chambersburg PA
CBHW050123210326
41519CB00015BA/4081